Margitta Becker
Veronika Thiele-Schneider

GOLDEN RETRIEVER

Kosmos

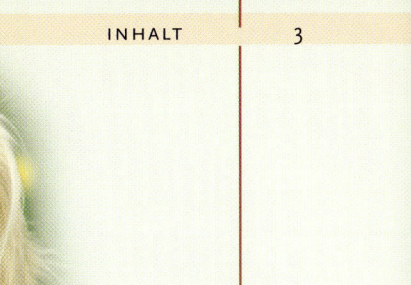

Erziehung leichtgemacht ▶ 77

Freizeitpartner Golden Retriever ▶ 95

Golden Retriever züchten ▶ 101

Service ▶ 113

So sind Golden Retriever

So sind Golden Retriever

Was ist eigentlich ein Golden Retriever – nur ein Modehund, der für das nötige Image seines Besitzers sorgt, oder ein ganz gewöhnlicher Hund, der für jedermann geeignet ist?

Daß beide Fragen in keinem Fall mit »Ja« beantwortet werden können, möchte Ihnen dieses Buch vermitteln. Es soll für jeden, der sich für einen Golden Retriever interessiert, ein wertvoller Ratgeber sein.

Ein Golden Retriever ist ein mittelgroßer Hund mit einem Gewicht von ca. 30 bis 35 kg bei erwachsenen Hündinnen und ca. 34 bis 40 kg bei erwachsenen Rüden. Die Schulterhöhe der Hündin liegt zwischen 51 cm und 56 cm, die des Rüden zwischen 56 cm und 61 cm.

Das Fell des Golden Retriever ist mittellang mit guter Befederung der Vorderläufe und der Rute. Die Farbe des Fells entspricht in jeder Schattierung zwischen cremefarben und dunkelgolden dem Rassestandard (siehe auch Seite 117) und weist eine dichte, wasserabweisende Unterwolle auf.

Der Golden Retriever ist harmonisch gebaut und gut proportioniert, mit kräftigen Knochen. Der Schädel ist wohlgeformt, mit ausgeprägtem Stop und sanftem Ausdruck. Die Augen sind dunkel, die Augenlider und der Nasenschwamm gut pigmentiert, was den sanften Ausdruck des Golden noch unterstreicht.

 **Wesen**

Sanft wie sein Ausdruck ist auch das Wesen des Golden Retrievers. Jede Form von Aggression ist ihm fremd, sowohl Menschen als auch anderen Tieren gegenüber. Der Golden Retriever ist ein sensibler Hund, der einen intensiven Kontakt zu Menschen braucht, denen er grundsätzlich freundlich gegenübertritt. Er hat keinerlei Wach- oder Schutztrieb. Im Gegenteil, jeder Besucher wird freundlich begrüßt – einem Einbrecher würde er wohl noch beim Raustragen helfen. Gerade diese Menschenfreundlichkeit zeichnet den Golden Retriever besonders aus und macht ihn zu einem hervorragenden Familienhund, der sich auch mit Kindern sehr gut versteht. Er ist geduldig, manchmal fast zu duldsam, und sein ganzes Streben geht dahin, »seinen« Menschen zu gefallen.

Die Sensibilität und die große Menschenbezogenheit führen dazu, daß der Golden Retriever nicht sehr gern allein ist. Am wohlsten fühlt er sich in der unmittelbaren Umgebung seiner Familie. Für die Zwingerhaltung ist er in keinem Fall geeignet, sein empfindsamer Charakter würde durch die Isolation von der Familie leiden, Verhaltensstörungen wären vorprogrammiert. Am liebsten ist der Golden Retriever immer und überall dabei, sein bevorzugter Schlafplatz ist das Schlaf-

zimmer seines Besitzers – es muß allerdings nicht das Bett sein, mit einem Platz auf dem Fußboden ist er genauso zufrieden. Keine Angst, die nächtlichen Geräusche und Gerüche sind für ihn keine Belästigung, eher im Gegenteil. Die vielen Stunden, die er nachts in unmittelbarer Nähe seines Menschen verbringen kann, festigen die Bindung und das Vertrauen des Hundes zu seinen Menschen.

Der Golden Retriever hat ein ausgeglichenes Temperament: er ist weder hektisch noch nervös. Er ist lebhaft, ohne dabei das Temperament eines Ferraris zu besitzen. Über jede Form der Beschäftigung freut er sich – wird er zu wenig durch seinen Besitzer gefordert, beschäftigt er sich selbst. Das kann sich darin äußern, daß er z.B. den Garten in eine Kraterlandschaft verwandelt oder beim Spaziergang nur mit dem Wühlen nach Mäusen beschäftigt ist. Körperliche Betätigung allein, also z.B. Ausflüge, die jeden Tag die gleiche Route aufweisen, lasten ihn nicht aus, er will auch geistig gefordert werden. Kleine Aufgaben trainieren nicht nur den Körper, sondern auch den Geist und festigen zudem noch die Bindung an seinen Menschen.

Die Charaktereigenschaften des Golden Retrievers sind Bestandteil des Rassestandards, das heißt, das Wesen ist genauso wie sein äußeres Erscheinungsbild charakteristisch für diesen Hund. Gerade sein Wesen gibt für viele Menschen den Ausschlag, sich einen Hund dieser Rasse zuzulegen, und die Zuchtvereine des VDH, wie z.B. der Deutsche Retriever Club e.V., legen großen Wert auf die Erhaltung der Wesensfestigkeit. Hierzu aber später mehr (S. 14).

Der Golden Retriever ist ein menschenfreundlicher Hund, der sich auch mit Kindern gut versteht.

▶ **Geschichte**

Um das Wesen der Retriever zu verstehen, sollte man einen kurzen Blick auf die Geschichte und die ursprüngliche Verwendung werfen. Um den Ursprung der Retriever ranken sich viele Geschichten, deren Wahrheitsgehalt heute kaum noch überprüft werden kann.

Als sicher gilt, daß der Ursprung aller Retrieverrassen in Neufundland liegt. Durch den regen Fischhandel, der zu Anfang des 19. Jahrhunderts zwischen England und Neufundland bestand, hatten die englischen Seeleute bei ihren Aufenthalten in Neufundland Gelegenheit, die dort lebenden Hunde kennenzulernen und bei der Arbeit zu beobachten. Selbst bei rauhem Wetter apportierten diese Hunde die Bootsleinen aus dem Wasser und brachten sie an Land, oder sie apportierten aus den Netzen gefallene Fische.

Von der Arbeit dieser wasserfreudigen und wetterfesten Hunde begeistert, brachten die Seeleute in den folgenden Jahren mehrere mit nach England. Man kann sagen, daß diese Hunde die Zuchtbasis aller auf den britischen Inseln entwickelten Retrieverrassen darstellten.

Konkret läßt sich die Geschichte der Golden Retriever bis zum Jahr 1865 zurückverfolgen. In diesem Jahr kaufte der erste Lord Tweedmouth von England einen gelben Wavy-coated-Rüden von einem Schuhmacher in Brighton, der wiederum diesen Hund namens »Nous« von einem Wildhüter zur Begleichung seiner Schulden in Zahlung genommen hatte. 1868 wurde »Nous« mit »Belle« gepaart. Die Water-Spaniel-Hündin »Belle« war Lord Tweedmouth von einem Verwandten geschenkt worden.

Dieser erste Wurf wurde von Lord Tweedmouth in einem Buch festgehalten, das durch seine Nachkommen dem Kennel Club zur Verfügung gestellt wurde und dort noch heute zur Besichtigung aufbewahrt wird. Nach den Eintragungen fielen in diesem Wurf drei gelbe Welpen, die als Stammhunde der Golden Retriever anzusehen sind.

In den folgenden Jahren wurden diese Nachkommen von »Nous« und »Belle« teilweise mit anderen Hunderassen gepaart, so z.B. mit Irish Settern, die in dieser Zeit noch kräftiger waren, als sie es heute sind. Auch eine Paarung mit einem vermutlich schwarzen Hund mit welligem Haar ist dokumentiert. Später kreuzte man auch einen sandfarbenen Bloodhound ein, möglicherweise um die Nasenleistung zu verbessern.

Im Jahr 1872 hatten »Nous« und »Belle« einen zweiten Wurf. Die Nachkommen dieser beiden Hunde wurden teilweise an Verwandte von Lord Tweedmouth verschenkt, die ihrerseits weitere Verpaarungen vornahmen.

Ein Schwerpunkt mancher Zuchten war es, die Goldfarbe der Hunde zu erhalten, aber auch die spezifischen Eigenschaften wurden durch das Einkreuzen von weiteren Water-Spaniels und anderen Hunden, wie beschrieben, immer weiter an die Erfordernisse der Jäger angepaßt.

▶ Verwendung

Die Hauptaufgabe des Golden Retriever ist das Apportieren von Wild. Er wurde für die »Arbeit nach dem Schuß« gezüchtet; das bedeutet, daß er geschossenes Wild seinem Führer zuträgt. In erster Linie wird er bei der Entenjagd und der Jagd auf Niederwild eingesetzt. Seine hervorragenden Eigenschaften wie Beute- und Bringtrieb, eine ausgezeichnete Nase und seine Wasserfreudigkeit machen ihn zu einem erstklassigen Jagdhund. Für die Erfüllung dieser Aufgaben wurde er gezüchtet.

Heute wird er neben der jagdlichen Verwendung auch als Rettungs-, Blinden-, Sprengstoff- und Rauschgiftsuchhund oder als Behindertenbegleithund eingesetzt. Um diese Aufgaben meistern zu können, muß der Golden Retriever besonders verträglich mit Artgenossen, anderen Tieren und auch Men-

schen sein. Jede Form von Aggressivität, Ängstlichkeit, Kampftrieb oder Nervosität ist unerwünscht. Durch seine gute Führigkeit ist er für alle Aufgaben leicht auszubilden, und eben diese Eigenschaften machen ihn zu einem vorbildlichen Familienhund.

▶ Ansprüche

Das Wesen des zukünftigen Golden Retriever-Besitzers sollte dem des Hundes ähnlich sein: Jemand, der einen Schutzhund sucht, wird mit einem Golden Retriever nicht glücklich sein, denn diese Aufgabe wird er nicht erfüllen. Einem konsequenten und gradlinigen Hundehalter wird er immer bereitwillig folgen, seine Freude am Lernen und Arbeiten erfordert aber auch einen flexiblen und gleichzeitig einfühlsamen Menschen, der in der Lage ist, die »Sprache« seines Hundes zu verstehen.

▶ Wußten Sie, daß ...

ein Golden Retriever ursprünglich als Jagdhund für die »Arbeit nach dem Schuß« gezüchtet wurde? Heute erfüllt er vielseitige Aufgaben für den Menschen. Für die ursprüngliche Verwendung – genauso wie die heutigen Einsatzbereiche – wird ein nervenstarker, ausgeglichener Hund benötigt, der keinerlei Aggressionspotential hat. Seine Leichtführigkeit und sein Lernwille erfordern eine einfühlsame, aber dennoch konsequente Ausbildung ohne Härte, mit viel Lob. Aber auch ein Golden Retriever muß erzogen werden, damit er ein angenehmer Zeitgenosse wird und bleibt.

Sein sensibler Charakter fordert einen ausgeglichenen Hundeführer, der bereit und gewillt ist, einen großen Teil seiner Zeit mit dem Hund zu verbringen, der ihm »wie ein Schatten« folgt. Wer sich dadurch gestört fühlt, daß sein Hund immer an seiner Seite sein möchte, sollte noch einmal mit sich in Klausur gehen, bevor er sich entscheidet, einen Golden Retriever in seine Familie aufzunehmen.

Derjenige, der einen hingebungsvollen, sanften Begleiter sucht, der mit ihm durch »Dick und Dünn« geht, liegt mit diesem Hund »goldrichtig«.

Das sanfte, sensible Wesen des Golden Retriever erfordert einen intensiven Kontakt zwischen Hund und Hundebesitzer; für die Zwingerhaltung ist dieser Hund genausowenig geeignet wie für lange Zeitspannen, die er allein verbringen muß.

▶ Kann ich die Bedürfnisse eines Golden erfüllen?

☐ Habe ich genügend Zeit, mich mit ihm zu beschäftigen?

☐ Bin ich bereit, ggf. andere zeitintensive Hobbys den Bedürfnissen des Hundes anzupassen?

☐ Möchte ich einen Hund haben, der sich am liebsten in meiner Nähe aufhält?

☐ Kann ich damit umgehen, daß dieser wasserfreudige Hund, für den keine Pfütze zu schmutzig ist, in meiner Wohnung mit engem Familienanschluß lebt?

☐ Bin ich konsequent und gleichzeitig sensibel genug, um einen Golden Retriever richtig zu erziehen?

☐ Will ich mit einem menschenfreundlichen Hund leben, der jeden freudig begrüßt und für den der Kontakt mit Menschen eines seiner größten Vergnügen ist?

☐ Bin ich bereit, meinen Urlaub den Bedürfnissen des Hundes anzupassen und ggf. auf Flug- oder Autoreisen in südliche Länder zu verzichten?

☐ Stehen mir genügend finanzielle Mittel zur Verfügung, um die Versorgung des Hundes zu gewährleisten?

☐ Bieten mein Haus und mein Garten genügend Platz, um einen Hund dieser Größe zu halten?

Ein Golden Retriever zieht ein

Ein Golden Retriever zieht ein

▶ Vorher überlegen

Vor dem Kauf eines Hundes, gleichgültig welcher Rasse, sollte man sich generell ein paar Fragen stellen. Dabei sollte man ehrlich mit sich selbst sein und die eigene Situation selbstkritisch unter die Lupe nehmen, damit man nicht erst nach dem Kauf des Hundes feststellt, daß das neue Familienmitglied mehr Sorgen als Freude bereitet.

Nichts ist schlimmer, sowohl für den Hund als auch für den Menschen, als wenn man – aus welchen Gründen auch immer – die Entscheidung, einen Hund in die Familie aufzunehmen, dann nach der Anschaffung wieder rückgängig machen muß.

Wenn man noch keinen Hund besessen hat, glaubt man kaum, wie sehr einem dieser vierbeinige Geselle auch in kürzester Zeit ans Herz wächst und wie schmerzlich es sein kann, wenn man sich dann doch entschließen muß, ihn wieder abzugeben.

Auch für den Hund ist es schwierig, den einmal vertrauten Besitzer zu wechseln, sich an neue Lebensumstände zu gewöhnen, die liebgewonnenen Menschen zu verlassen und zu vergessen, um dann doch wieder Vertrauen zu neuen Besitzern aufzubauen. Eine Katastrophe ist es für jeden Hund, wenn er – nur weil man vorher einiges nicht bedacht oder sich etwas vorgemacht hat – schließlich im Tierheim landet oder irgendwo ausgesetzt wird.

Der Hund ist ein Rudeltier, dessen Leben darauf ausgerichtet ist, im Rudel eine Funktion und, damit verbunden, eine fest etablierte Stellung innezuhaben. Damit das Rudel funktioniert, ist es notwendig, daß sich jedes einzelne Mitglied des Rudels absolut auf die anderen Rudelmitglieder verlassen kann. Auf das Leben mit uns Menschen übertragen, würde das Herausreißen aus dem Rudel für den Hund einen absoluten Vertrauensbruch darstellen. In manchen Fällen kann er das so zerstörte Vertrauen nie wieder wirklich aufbauen und wird dadurch für den Rest seines Lebens u.U. von dieser Trennung beeinflußt bleiben.

Ein Hund ist kein »Einwegartikel«, den man bei Nicht-Gefallen einfach wegwirft oder zurückgibt, sondern ein Lebewesen mit einer empfindsamen Seele. Er hat einen Anspruch darauf, daß sein zukünftiger Besitzer sich im Vorfeld mit seinen Ansprüchen und

Sanft wie sein Ausdruck ist auch das Wesen des Golden Retrievers.

Bedürfnissen auseinandersetzt. Ein Hund kann sich seinen Besitzer nicht aussuchen und ist Zeit seines Lebens auf die Fürsorge »seines« Menschen angewiesen. Daß sich hieraus eine Verpflichtung für den jeweiligen Menschen ergibt, versteht sich von selbst. Nur wenn man zu dieser Verpflichtung aus ganzem Herzen »Ja« sagen kann, sollte man den Schritt, einen Hund zu kaufen, auch wagen.

▶ **TIP**

Ein Hund verändert Ihr gesamtes Leben. Von dem Tag an, an dem ein Golden sein neues Zuhause bei Ihnen findet, wird nichts mehr so sein, wie es vorher war.

Zunächst einmal ist ein Hund, wie jedes andere Familienmitglied auch, ein Lebewesen mit eigenem Charakter, speziellen Bedürfnissen und Eigenschaften. Zwar ist der Hund der einzige Freund, den man sich kaufen kann, doch muß man auch bereit sein, sich

mit seinen Veranlagungen im Vorfeld zu beschäftigen und darf ihn nicht nur wegen seines attraktiven Äußeren anschaffen.

▶ **Der Jagdhund**

Die Rassehundezucht ermöglicht es, nicht nur das Aussehen, sondern auch das Wesen und die Ansprüche eines Hundes in einem gewissen Rahmen vorherzusagen. Der Golden Retriever ist ein Jagdhund, der für die Arbeit nach dem Schuß gezüchtet wurde. Ein verträgliches Wesen, eine schnelle Auffassungsgabe, Aufmerksamkeit und ein sensibler Charakter, eine gute Nase, Ausdauer in der Verfolgung von Zielen, Wasserfreudigkeit, ein gewisses Maß an Härte, also der Fähigkeit körperliche Schmerzen und z.B. schlechte Witterung zu ertragen, sind für die Arbeit eines Jagdhundes genauso wichtig wie die Anpassung des Körperbaus an die gestellten Aufgaben.

Die spezifischen Eigenschaften des Golden Retrievers bringen also einige Veränderungen im Leben seines Besitzers mit sich, da ihm bestimmte Verhaltensweisen angeboren sind. In bestimmten Situationen kann er also gewissermaßen gar nicht anders handeln, als er es eben tut.

▶ Charakter

Beschäftigen wir uns also zunächst mit den Charaktereigenschaften des Golden Retrievers und den daraus resultierenden Ansprüchen an seinen Besitzer. Nur wenn man wirklich einen Hund mit diesen Eigenschaften haben möchte, sollte man sich auch tatsächlich für einen Golden Retriever entscheiden. Es ist nicht möglich, einem Hund bestimmte Eigenschaften anzuerziehen oder komplett abzugewöhnen, man kann lediglich vorhandene Anlagen fördern. Mehr ist bei der Erziehung nicht möglich.

MENSCHENFREUNDLICHKEIT ▶

So wird man einem Golden Retriever z.B. nicht beibringen können, seinen Besitzer und dessen Hab und Gut zu beschützen oder zu verteidigen. Eine der Veranlagungen des Golden Retrievers ist seine Menschenfreundlichkeit. Dadurch bedingt ist sein Verhalten gegenüber Menschen immer freundlich – gleichgültig, ob sie alt oder jung, bekannt oder unbekannt sind. Ein normal veranlagter Retriever wird sich jedem Menschen gegenüber zutraulich und manchmal sogar zudringlich zeigen, er wird jeden freudig wedelnd begrüßen, weil er sich immer irgendwo eine Streicheleinheit erhofft. Menschen sind für ihn das Größte, und häufig wird einem Besucher ein Geschenk gebracht. Das kann ein im Fang getragener Ball oder ein Spielzeug sein, einem Einbrecher würde er möglicherweise sogar wertvolle Gegenstände zutragen, wenn sie für ihn in erreichbarer Nähe sind.

Aus dieser Menschenfreundlichkeit resultiert zum einen, daß ein Golden Retriever keine Wach- oder Schutzeigenschaften hat, und zum anderen, daß auch ein ganz normaler Spaziergang Streß mit sich bringen kann, da auch dort jeder Passant begrüßt werden muß. Manche Leute schätzen diese Freundlichkeit gar nicht, und daher muß der Retrieverbesitzer einen Teil seiner Energie darauf verwenden, seinem Hund zu vermitteln, daß nicht jeder, der sich auf zwei Beinen bewegt, es schätzt, bei einer stürmischen Begrüßung beschmutzt oder gar umgeworfen zu werden.

Ein gut erzogener Golden Retriever wird natürlich Unarten wie Anspringen u.ä., die er im Welpen- und Junghundealter noch zeigt, dann als erwachsener Hund nicht mehr haben. Das setzt allerdings voraus, daß sein Besitzer ihm beizeiten vermittelt, daß eine Begrüßung auch ohne Hochspringen vollzogen werden kann. Insoweit kann man also die Menschenfreundlichkeit sicher in Bahnen lenken. Es wird aber nicht gelingen, den Golden Retriever dazu zu bringen, Menschen gegenüber aggressiv zu reagieren, sie zu stellen oder gar anzugreifen, wie man es von einem Wachhund erwartet. Dieses »sich zu Menschen hingezogen fühlen« hat aber auch sehr viele positive Aspekte. So muß man z.B. keine Angst davor haben, daß der Hund unvermittelt einen Passanten anfällt oder sich durch die Körperhaltung oder das Gebaren eines Menschen dazu provoziert fühlt, diesem gegenüber aggressiv zu werden. Es ist schon sehr entspannend zu wissen, daß auch in einer Fußgängerzone, in einem Restaurant oder auf einer Familienfeier der Hund keine Bedrohung für andere Menschen darstellt. Selbstverständlich ist auch der Umgang bzw. Kontakt mit Kindern für einen normal veranlagten Golden Retriever keine Schwierigkeit, wenn auch gesagt werden muß, daß kein Hund – selbst der menschenfreundlichste – zu einem Kinderspielzeug degradiert werden darf. Dazu aber später mehr.

SENSIBILITÄT ▶ Die Sensibilität des Golden Retrievers ist eine weitere Eigenschaft, die für die Rasse typisch ist. Daraus ergibt sich, daß sein Besitzer mit einer großen Portion Einfühlungsvermögen mit ihm umgehen sollte, damit er zum einen ein glücklicher und fröhlicher Hund bleibt und zum anderen trotzdem seine Grenzen kennenlernt, die jeder Hund sucht und braucht. Geht man in der Erziehung zu hart mit ihm um, wird man später einen Hund haben, der mit eingezogener Rute und unsicher hinter einem herschleicht. Ist man aber nicht konsequent genug, wird selbst ein Golden Retriever die Rudelführerrolle übernehmen wollen und sich u.U. wie ein Anarchist verhalten. Die Erziehung eines Golden Retrievers ist also eine Gratwanderung, die das Einfühlungsvermögen und die Geradlinigkeit seines Besitzers fordert. Es ist sicher falsch zu glauben, daß die Erziehung eines Golden Retrievers mühelos ist oder gar nicht erforderlich wäre. Zwar ist er ein leichtführiger Hund, der schnell lernt und bereitwillig seinem Besitzer folgt, der gern gefällt und dafür auch Unbequemlichkeiten in Kauf nimmt – doch Erziehung braucht auch er, damit er seinen Platz im Rudel finden kann und nicht als Plagegeist seinen Besitzer oder dessen Mitmenschen tyrannisiert.

Ein Hund dieser Größe sollte wissen, wie er sich gegenüber Passanten zu benehmen hat. Ein Spaziergang mit dem angeleinten Hund, bei dem 35 bis 40 kg Lebendgewicht dem Menschen

Das Wasser ist sein Element.

am anderen Ende der Leine das Schultergelenk auskugeln, ist nicht nur unangenehm, sondern auch gesundheitsgefährdend für Mensch und Hund. Das kann dazu führen, daß man seinen Hund nicht mehr gern mitnimmt. Da der Golden Retriever, wie bereits gesagt, am liebsten überall dabei ist, schadet man nicht zuletzt dem Hund damit, wenn man ihn dann immer häufiger allein zu Hause zurückläßt, weil er nie gelernt hat, wie sich ein guterzogener Hund benimmt.

Auf einige Dinge sollte man verzichten können, wenn man einen Golden Retriever hat. Z.B. sind Reisen in südliche Länder schon wegen des Klimas eine Qual für einen Hund, der dem Wetter der britischen Inseln angepaßt ist. Großveranstaltungen, Hochzeiten oder ähnliche Feiern, bei denen zum Tanz gespielt wird, oder der Besuch eines Rummelplatzes sind für jeden Hund, nicht zuletzt wegen der Geräuschkulisse, Streß. Man sollte genau überlegen, ob man dem Hund hier zuviel zumutet, wenn man ihn mitnimmt.

Ich empfinde es nicht als Einschränkung, auf solche Vergnügungen zu verzichten. Wenn man aber ein »Partylöwe« ist oder das Leben einem nur dann sinnvoll erscheint, wenn man mindestens einmal jährlich in südlichen Gefilden gewesen ist, sollte man sich ernstlich überlegen, ob ein Retriever das Leben bereichert oder eher zu einer Last wird, weil man ständig das Gefühl hat, entweder sich selbst oder dem Hund nicht gerecht zu werden.

WASSERFREUDIGKEIT ▶ Ein Golden Retriever ist von seiner Erscheinung und seiner Abstammung her ein edles Tier. Er weiß es aber nicht, und er benimmt sich auch nicht immer so. Seine Wasserfreudigkeit kann für manche penible Hausfrau zur Qual werden. Es gibt so gut wie keinen Spaziergang, von dem man mit einem sauberen Hund zurückkommt. Selbst wenn es vier Wochen lang nicht geregnet hat: Ein Golden Retriever wird die einzige noch vorhandene Pfütze finden und genüßlich darin baden.

Keine Pfütze ist ihm zu schmutzig ...

TIP

Es macht wenig Sinn, seine eigene Energie und die des Hundes darauf zu verschwenden, ihm diese Freude am Badevergnügen abgewöhnen zu wollen. Viel vernünftiger ist es, den Spaziergang an einem sauberen Teich oder Bach enden zu lassen, damit der Golden wenigstens nur naß ist, wenn man nach Hause kommt. Man kann auch einen Schlauch oder ähnliches im Garten installieren, mit dem man wenigstens den gröbsten Schmutz entfernen kann, bevor man das Haus betritt.

... damit muß sein Besitzer leben können.

Es ist keine gute Idee, den Golden zum Trocknen im Keller liegen zu lassen. Er wird es nicht verstehen und sich aus seinem Rudel ausgeschlossen fühlen, wenn er nach dem Spaziergang auf diese Weise bestraft wird. Außerdem würde der Hund die meiste Zeit im Keller verbringen, denn schließlich muß er mehrmals täglich raus.

▶ Sauberkeit

Es versteht sich von selbst, daß auch das eigene Outfit diesen Erfordernissen angepaßt sein sollte. Am besten geeignet sind Gummistiefel, Jeans und Wachsjacke für einen Gang in die Natur. Vor einer schicken Aufmachung von Herrchen oder Frauchen hat der Golden keinen Respekt, wenn er, schön mit Schlamm paniert, voller Lebensfreude an ihnen vorbeirennt. Der Golden Retriever liebt Spaziergänge bei Regen oder bei eher britischen Wetterverhältnissen, und mit Stöckelschuhen kommt man auf einem aufgeweichten Waldweg nicht gut vorwärts.

Sofern man keinen eigenen Garten

hat, sollte man sich darüber klar werden, daß jedes Gassigehen damit verbunden ist, sich selbst in wetterfeste Kleidung zu werfen und möglicherweise nach dem Spaziergang den Hund und auch sich selbst von Grund auf zu reinigen. Mit einem Garten ist das viel bequemer, den kann der erwachsene Hund nämlich auch allein aufsuchen, und man muß nicht jedesmal mitgehen. Es wird sicher Tage geben, an denen man sich selbst nicht so wohl fühlt, daß man Lust zu einem langen Spaziergang hätte. Der eigene Garten ist hier sicher von Vorteil. Allerdings sollte man nicht denken, daß ein Golden Retriever sich im Garten nicht schmutzig machen kann – er kann, das werden Sie sehen!

Wenn man also einen »Reinlichkeitstick« hat, sollte man sehr gut überlegen, ob man wirklich einen Hund in die Familie aufnehmen möchte. Nicht nur der nach einem Spaziergang mitgebrachte Sand und Schmutz können eine »Hausfau aus Überzeugung« schier zur Verzweiflung bringen. Ein Golden Retriever haart zweimal pro Jahr recht kräftig ab. Eigentlich verliert er das ganze Jahr über mehr oder weniger viele Haare. Man braucht also zumindest einen leistungsfähigen Staubsauger, wenn man in der Wohnung die Haare entsorgen will. Schwarze Kleidung, an der die Haare gut haften, ist auch nicht anzuraten, denn ein Golden Retriever sucht oft körperliche Nähe, und er versteht es nicht, wenn man hysterisch wird, nur weil er ein paar Streicheleinheiten haben möchte.

Überhaupt ist das Zusammenleben mit einem Retriever nichts für Hygienefanatiker, denn jeder Hund bringt es mit sich, daß die Wohnung nicht mehr

Als Wachhund ist dieser friedliche Zeitgenosse nicht zu gebrauchen. Er sieht nur das Gute im Menschen und begrüßt jeden freundlich.

meine Wohnung ist keine Räuberhöhle, aber es macht in der Tat wesentlich mehr Arbeit, einen Haushalt mit Hund zu führen, als einen ohne Hund. Und man darf nicht den Anspruch haben, daß die eigene Wohnung so sauber und steril ist, wie eine gut geführte Klinik.

▶ Kosten

Natürlich macht ein Hund nicht nur Arbeit – er kostet auch Geld. Der Anschaffungspreis für einen Hund ist sicher die geringste finanzielle Belastung. Hinzu kommen die Kosten für Futter, Tierarzt, Versicherungen, Zubehör usw. Außerdem muß man bedenken, daß ein Hund auch transportiert werden muß, das heißt, das Auto sollte dementsprechend ausgestattet sein. Am besten geeignet ist sicher ein Kombi, in dem der Hund hinten auf der Ladefläche ausreichend Platz hat. Bei längeren Fahrten sollte er sich bequem hinlegen können. Der Transport auf dem Rücksitz ohne Sicherheitsnetz könnte bei einem Unfall oder heftigen Bremsmanövern sehr gefährlich werden. Durch die Unterbringung auf der Ladefläche ist auch gewährleistet, daß er nicht in einem unpassenden Moment auf die Idee kommt, »selbst fahren« zu wollen, und dem Fahrer auf den Schoß klettert.

so sauber ist, wie wenn kein Tier gehalten wird. Zum einen sind Hundehaare überall verteilt; selbst wenn man noch so ordentlich putzt, man wird sie niemals alle erwischen. Zum anderen ist das Fell des Hundes immer leicht fettig, was dazu führt, daß überall, wo er oft liegt, an den Wänden Spuren zurückbleiben. Wenn er sich schüttelt, weil er naß ist, werden sicher einige Spritzer an den Wänden oder den Möbeln zu finden sein. Wenn er sich schüttelt, wenn er trocken ist, wirbelt er zumindest Staub auf.

Beim Fressen oder Trinken geht manchmal etwas daneben, so daß um den Napf herum hin und wieder kleine Seen auf dem Fußboden zu finden sind. Ein Hundebesitzer, der dies nicht tolerieren kann, der seinen Hund nicht trotzdem liebt, sondern beginnt, sich gar vor ihm zu ekeln, wird nie ein richtiger Hundebesitzer werden. Für mich sind die Abgase eines Autos allemal unangenehmer und unnatürlicher als die Absonderungen eines Hundes, und

Wenn der Hund in seinen jungen Jahren, in denen er noch viele Flausen im Kopf hat, auf die Idee kommt auszuprobieren, wie die Polster des Wagens oder das Mobiliar der Wohnung schmecken, kann das ebenfalls immense Kosten verursachen. Für Schäden, die der Hund am Eigentum seines Besitzers anrichtet, kommt keine Versicherung auf.

Wenn Sie das Buch bis hierhin gelesen haben und noch immer der Meinung sind, daß ein Golden Retriever genau das ist, was Sie zu Ihrem Glück noch brauchen, sind Sie schon einen großen Schritt weiter. Wenn Sie trotz der angesprochenen Punkte, oder vielleicht gerade deshalb, an Ihrer Entscheidung festhalten können und wollen, werden Sie sicher ein Retrieverbesitzer werden, der sich für viele Jahre zu den glücklichen Menschen zählen kann. Er nennt einen Hund sein eigen, der durch sein faszinierendes Wesen, seine ausgesprochene Schönheit und nicht zuletzt seine Beliebtheit bei Groß und Klein eine echte Bereicherung des eigenen Lebens darstellt. Voraussetzung dafür ist allerdings zunächst die Wahl des richtigen Züchters.

Auch wenn er selbst mit Kleinkindern keine Probleme hat, sollte man sie nie unbeaufsichtigt lassen. Manchmal muß man sogar den Hund vor dem Kind schützen.

▶ **Der richtige Züchter**

Man kauft sich einen Golden Retriever in der Regel deshalb, weil bestimmte rassespezifische Eigenschaften ausschlaggebend sind. Wenn man sichergehen will, daß der zukünftige Hund eben diese Eigenschaften auch aufweist und nicht lediglich eine »Mogelpackung« ist, ist die Wahl des richtigen Züchters von größter Bedeutung. Nur ein verantwortungsbewußter Züchter wird auf die Erhaltung der charakteristischen Eigenschaften eines Hundes – sowohl äußerlich als auch im Wesen – größten Wert legen.

Um den Züchter bei seiner verantwortungsvollen Aufgabe zu unterstützen, gibt es Rassehundezuchtvereine, die bestimmte Regeln für die Hundezucht aufstellen und auf deren Einhaltung drängen. Außerdem wird ein seriöser Hundezuchtverein ein Zuchtbuch führen, in dem alle Gesundheits- und Prüfungsergebnisse der gezüchteten Tiere genauestens dokumentiert sind. Aus diesen Aufzeichnungen kann man wichtige Erkenntnisse gewinnen, die eine Zuchtplanung erst möglich machen. Zu einer vernünftigen Verpaarung gehört es auch, daß nicht wahllos mit jedem Tier gezüchtet wird, sondern daß, bevor ein Golden Retriever zur Zucht zugelassen wird, genauestens geprüft wird, ob dieser Hund nicht nur äußerlich den Anforderungen an die Rasse entspricht und ob zu erwarten ist, daß seine Nachkommen sich entsprechend des Standards entwickeln.

> **TIP**
>
> *Kaufen Sie einen Golden Retriever ausschließlich bei einem Züchter, der dem Verband für das Deutsche Hundewesen (VDH) angeschlossen ist. Die Anschriften der jeweiligen Zuchtvereine finden Sie im Serviceteil dieses Buches (Seite 118).*

Wer die Wahl hat, hat die Qual. Vertrauen Sie dem Züchter, er wird Ihnen helfen, den geeignetsten Welpen aus dem Wurf auszusuchen.

Leider gilt für jede Hunderasse, die z.B. durch Film und Fernsehen oder durch jede andere Form der Werbung zu einer Moderasse wird, daß durch die steigende Nachfrage nach Welpen auch »Hundevermehrer« auf den Plan gerufen werden, die in erster Linie ihren finanziellen Vorteil im Auge haben. Ein Hund ist nun einmal eine »Anschaffung«, für die Menschen bereit sind, eine Menge Geld auszugeben. Bei der Vielzahl von Menschen, die sich einen Hund halten möchten, ist die Zucht von Hunden ein echter Markt. Noch dazu kann ein Hund keine Ansprüche an seinen Besitzer stellen und wenn man sich ansieht, unter welch' erbärmlichen Umständen manche Hunde gehalten und sogar gezüchtet werden, kann man sich etwa vorstellen, daß man auch mit finanziellem Minimalaufwand Hundewelpen »produzieren« kann.

HUNDEVERMEHRER ▶ Es gibt sog. »Hundehändler«, die teilweise die von ihnen verkauften Hunde nicht einmal selbst züchten. Sie kaufen Welpen auf, teilweise im Ausland. Der Verkauf erfolgt mit oder ohne Papiere, je nach Wunsch des Käufers, meist zu einem erstaunlich niedrigen Preis. Der Käufer ist glücklich über das vermeintliche »Schnäppchen« (»Bei einem VDH-Züchter sind die Hunde ja so teuer...«), wird sich aber erst im Nachhinein darüber klar, daß er den gesparten Kaufpreis dann meist mehrfach zum Tierarzt trägt.

Dann gibt es die sogenannten »Hobbyzüchter«. Das sind Leute, die ja die Hündin nur einmal decken lassen wollten, weil z.B. der Tierarzt erzählt hat, daß eine Hündin unbedingt einmal Welpen gehabt haben sollte. Der Deckpartner ist häufig ein Hund aus der Nachbarschaft, von dem, genauso

die gleichen Informationen: Es ist der erste Wurf der Hündin, die Welpen erhalten auch Papiere. Die Eltern sind »Weltchampions« und selbstverständlich »HD-frei«, der Züchter selbst ist vielleicht sogar »Zuchtwart«. Das klingt doch seriös. Daß man lediglich sieben Personen braucht, um einen Verein zu gründen, wird genausowenig erwähnt wie die einzelnen Punkte der Zuchtbestimmungen, nach denen sich der Züchter richten muß. Wie die Titel der Elterntiere zustandegekommen sind und wer die Auswertung der Gesundheitsuntersuchungen vorgenommen hat, spielt auch keine Rolle.

VDH-ZÜCHTER ▶ Diese Hundezüchter unterwerfen sich den Anforderungen eines strengen Regelwerks. Hier besteht keine Scheu, die Zuchthunde strengen Prüfungen und objektiven Beurteilungen eines Gutachters zu unterziehen. Auch die Aufzuchtbedingungen halten den Überprüfungen durch den Zuchtverband stand. Der Zuchtverein selbst untersteht einer Dachorganisation, die wiederum bestimmte Regeln festsetzt und die Einhaltung durch die Zuchtvereine kontrolliert. Diese Dachorganisation ist der »Verband für das Deutsche Hundewesen« (VDH), in der Schweiz die Schweizerische Kynologische Gesellschaft (SKG) bzw. in Österreich der Österreichische Kynologenverband (ÖKV).

Ein verantwortungsbewußter Züchter wird sich bewußt sein, daß seine züchterische Tätigkeit eine große Tragweite hat. Schicksale von Menschen sind damit verknüpft. Die Beratung des Welpeninteressenten, ob es sich bei der gewählten Rasse um die richtige für die Familie handelt, wird es auch mit

wie von der Hündin selbst, keine Untersuchungsergebnisse vorliegen. Papiere braucht der Welpe auch nicht, der Käufer will ja schließlich nicht züchten, aber reinrassig ist der Hund in jedem Fall, sagt der »Hobbyzüchter«!

Diesen »Züchtern« fehlt häufig nicht nur die Sachkenntnis, die für die Zucht erforderlich ist, sondern auch jede Information über mögliche Erbkrankheiten der Vorfahren. Es ist dann nicht verwunderlich, wenn der erworbene Welpe nachher nicht die rassetypischen Eigenschaften eines Retrievers aufweist.

Die dritte Kategorie ist die derjenigen »Züchter«, die sich als »Hobbyzüchter« ausgeben, es aber nicht sind.

Wenn man die Inserate der Tagespresse über einen längeren Zeitraum vergleicht, stellt man fest, daß viele Telefonnummern immer wieder auftauchen. Auf Nachfrage erhält man immer

sich bringen, dem einen oder anderen von seiner Entscheidung abzuraten. Zumindest dann, wenn der Züchter das Gefühl hat, daß der Interessent von falschen Vorstellungen ausgeht. Die Verantwortung eines Züchters gebietet es auch, nicht jeden Golden Retriever in die Zucht zu bringen, wenn er möglicherweise neben vielen positiven Eigenschaften auch »Fehler« hat. Trotzdem sollte ihm auch ein solcher Hund lieb und teuer sein. Schließlich ist auch für den Züchter der Golden zunächst ein Familienmitglied. Ein verantwortungsbewußter Züchter wird einen Wurf nur dann planen, wenn er auch sicher ist, die geeigneten Käufer für seine Welpen zu finden. Schließlich ist er mehr als alles andere daran interessiert, daß es die von ihm gezüchteten Golden Retriever ihr gesamtes Leben lang gut haben.

Ein seriöser Züchter

Er verdient seinen Lebensunterhalt nicht mit der Hundezucht.

Alle Hunde leben bei ihm mit gutem Familienanschluß, sind Menschen gegenüber aufgeschlossen und freundlich.

Auch Hunde, die dem zuchtfähigen Alter entwachsen sind, leben bei ihm.

Die Welpen werden in der Familie aufgezogen, mit gutem Kontakt zu Menschen, am besten im Wohnbereich.

Einen Zwinger, also ein Drahtgestell im Garten, das zur Aufbewahrung der Hunde dient, wird man hier nicht finden.

Er hat während der Aufzucht den ganzen Tag für die Welpen Zeit und beschäftigt sich intensiv mit den Welpen und den Welpenkäufern; Besuche sind ihm stets willkommen.

Er stellt unbequeme Fragen, nimmt Welpeninteressenten kritisch unter die Lupe und zeigt auch die Nachteile der Hundehaltung auf.

Er ist auch nach der Abgabe an einem Kontakt zum Welpenkäufer interessiert und bietet Hilfen in Bezug auf Haltung und Erziehung.

Er scheut nicht den Vergleich mit anderen Züchtern, empfiehlt vielleicht sogar, noch andere Züchter zu besuchen.

Er ist bemüht, den Welpen aus dem Wurf auszuwählen, der am besten zu seinem neuen Besitzer paßt.

Er gewährt Einblick in alle Untersuchungs- und Prüfungsergebnisse seiner Hunde.

Es versteht sich von selbst, daß man, wenn man von der Hundezucht lebt, Kompromisse eingehen muß. Wenn ein Züchter auf die Einnahmen aus der Zucht angewiesen ist, wird er sicher eher bereit sein, einem ungeeigneten Welpenkäufer einen Hund zu überlassen. Er wird eher mit Hunden züchten, die besser nicht zur Zucht eingesetzt werden sollten, weil sonst ein finanzieller Verlust entsteht.

Genauso wird er versuchen, so viele Welpen wie möglich von einer Hündin zu erhalten; schließlich bringt jeder Welpe bares Geld ein. Die Kosten für die Welpenaufzucht selbst werden natürlich im Interesse eines möglichst hohen Gewinns so niedrig wie möglich gehalten. Das fängt beim Futter für die Welpen und die Mutterhündin an und hört bei dem zeitlichen und finanziellen Aufwand für die Prägung und Erziehung der Welpen auf.

Es ist sicher nicht leicht, aber auch nicht unmöglich, den richtigen Züchter zu finden; der Aufwand lohnt sich in jedem Fall. Traurig für den zukünftigen Hausgenossen, wenn der Besitzer »in spe« es nicht einmal für nötig hält, sich im Vorfeld ausreichend zu informieren. Wenn die Zeit und das Interesse dazu schon nicht ausreichen oder wenn eine Ersparnis von vielleicht 200,– DM beim Kaufpreis den Ausschlag dafür gibt, bei irgendeinem Hundevermehrer einen Welpen zu erwerben – wie wird es dann erst werden, wenn das neue Familienmitglied eingezogen ist und dann noch wesentlich mehr zeitlichen und finanziellen Einsatz von seinem Besitzer fordert? Es ist immer wieder erschreckend, daß manche Welpeninteressenten mehr Informationen einholen, bevor sie sich

z.B. eine Stereoanlage zulegen, als sie bei der Anschaffung eines Lebewesens aufzubringen bereit sind. Vor dem Kauf eines toten Gegenstandes werden häufig Testergebnisse, Hersteller und verschiedene Anbieter verglichen. Sich vor der Anschaffung eines Hundes mit den Eigenschaften der jeweiligen Rasse zu befassen oder Züchter zu vergleichen, scheint manchem nicht so wichtig zu sein. Das ist besonders bedauerlich, wenn man bedenkt, daß man auf ein technisches Gerät immerhin gewisse Garantieleistungen hat und es im

Bereits beim Züchter soll der Welpe die Möglichkeit haben, viele Umwelterfahrungen zu sammeln.

Schon sehr früh beginnt die Mutter mit der Erziehung der Welpen.

Falle eines Defektes in eine Werkstatt bringen kann. Einen Hund kann man nicht reparieren lassen, und ein gestörter oder kranker Hund kann zur enormen Belastung für die Familie und das gesamte Umfeld werden.

Nicht zuletzt verbirgt sich hinter jedem Welpenkäufer, der seinen Golden Retriever bei einem Hundevermehrer kauft, ein Förderer des Hundehandels und der gewerblichen Hundezucht und damit auch der Ausbeutung von Tieren. Die Nachfrage regelt das Angebot, und jeder, der einen Welpen aus einer solchen Zucht kauft, sorgt dafür, daß am nächsten Tag fünf andere Welpen an seinem Platz sitzen. Auch wenn man aus Mitleid so einen kleinen Kerl bei sich aufnimmt, ändert das nichts an der Tatsache, daß man damit die Machenschaften dieses »Züchters« unterstützt. Ob man einem schlecht aufgezogenen Welpen wirklich hilft, wenn man ihn bei sich aufnimmt, steht auch noch in Frage. Leider ist manchem dieser armen Geschöpfe

nicht zu helfen, Versäumnisse in der Welpenzeit sind oft nicht wieder gutzumachen. Schlechte Prägung, das heißt die Haltung von Welpen unter unzureichenden Bedingungen, führt nicht selten zu irreparablen Verhaltensstörungen, unter denen nicht zuletzt der Hund selbst leidet. Wenn ein Hund sich vor allem fürchtet und auch zu Menschen kein Vertrauen finden kann, weil er nie gelernt hat, daß Menschen für ihn etwas Positives sind oder daß bestimmte Geräusche zum normalen Leben gehören, wird er an seinem Leben keine Freude haben können. Möglicherweise greift er sogar aus Angst oder übertriebenem Dominanzgebaren Menschen an, manchmal sogar Mitglieder der eigenen Familie.

Eine Aufzucht des Welpen mit minimalem Aufwand für Ernährung, Impfungen, Entwurmung usw. kann dem Hund lebenslang Krankheiten wie Allergien oder auch chronische Organschäden bescheren. Nicht selten muß ein solch vorgeschädigter Hund nach unzähligen Tierarztbesuchen und manchmal langen Therapieversuchen dann doch eingeschläfert werden.

DEN ZÜCHTER AUSWÄHLEN ▶   Wie kann man sich nun davor schützen, einem skrupellosen Hundehändler oder einem unseriösen Hundevermehrer »auf den Leim« zu gehen? Von außen betrachtet, wird man die Unterschiede oft nicht leicht erkennen, und auch unseriöse Züchter haben inzwischen erkannt, auf welche Dinge ein Welpeninteressent Wert legt: Sie erzählen ihm genau das, was er hören möchte, stellen gepflegte Welpen vor, die sich selbstverständlich für die Zeit des Besuches im Haus aufhalten. Die angeblichen Elterntiere sind in guter Kondition und haben meistens die besten Papiere mit ausgezeichneten Gesundheitszeugnissen und den begehrtesten Ausstellungstiteln.

Dem Welpen sieht man von außen meist nicht an, wenn er irgendwelche Krankheiten hat oder bereits verhaltensgestört ist. In den Fällen, wo sogar ein Nicht-Fachmann merkt, daß mit dem Hund etwas nicht stimmt, sind die Fehler meist so gravierend, daß ohnehin für diesen Hund nichts mehr getan werden kann.

Um also sicher zu gehen, achtet man darauf, daß der Hund seriöse Papiere hat. Manche Welpeninteressenten sind aber auch der Meinung, daß man ja schließlich keine Papiere braucht, weil man selbst mit dem Hund nicht züchten will. Man kauft den Hund dann aus einer sogenannten »Hobby-« oder »Familienzucht«, wo der Züchter eigentlich gar kein Züchter ist. Die Hündin sollte nur einmal Welpen haben, weil der Tierarzt dazu geraten hatte, sie einmal decken zu lassen. Oder der Besitzer der Hündin wollte für sich selbst oder die Kinder einmal das Erlebnis haben, Welpen aufzuziehen. Sachlich sind diese beiden Motive völliger Unsinn. Statistisch gesehen ist die Wahrscheinlichkeit, daß eine Hündin Gebärmutter- oder Gesäugekrebs bekommt, gleich hoch, egal ob sie Welpen zur Welt gebracht hat oder nicht. Wenn man sichergehen will, daß diese Krankheiten nicht auftreten, muß man sich einen Rüden kaufen. Genauso schwach ist das Argument des persönlichen Erlebnisses. Von einem Hundezüchter sollte man ein großes Maß an Sachkenntnis erwarten können, schließlich hat er eine

Im Spiel zeigt sie ihm seine Grenzen, z.B. durch den Griff über den Fang.

enorme Verantwortung zu tragen. Er beeinflußt nicht nur das Schicksal der von ihm gezüchteten Welpen, sondern auch das der Familien, die seine Welpen kaufen. Ohne Sachverstand und nur aus der Motivation des sentimentalen Gefühls heraus, wird man dieser Verantwortung sicher nicht gerecht werden. Bei der Zucht geht es nicht nur um die acht Wochen der Welpenaufzucht oder das Schauspiel der Geburt, sondern um sehr viel mehr ...

Wenn nun ein Wurf ohne Papiere aufgezogen wird, haben die Elterntiere in der Regel entweder selbst keine Papiere oder es sind keine Untersuchungen auf vererbbare Krankheiten durchgeführt worden oder sie erfüllen nicht die strengen Zuchtbestimmungen der VDH-Vereine.

Meistens wird der Deckrüde dann auch danach ausgewählt, ob er in der Nähe lebt. Ob er genetisch zu der Hündin paßt, möglicherweise zu eng mit ihr verwandt ist oder selbst Krankheiten hat oder welche vererben könnte, wird meist nicht erfragt. Ein solcher »Zufallswurf« ist dann oft nichts anderes als jeder andere Mischlingswurf auch: Nicht überall, wo die Verpackung wie ein Retriever aussieht, ist auch ein Retriever drin!

Nicht, daß ich etwas gegen Mischlingswürfe hätte, aber zum einen sind Mischlingshunde genauso häufig mit Erkrankungen belastet wie Rassehunde auch, und zum anderen wurde ja bereits ausgeführt, daß man sich nicht für einen Rassehund entscheidet, weil man ein Snob ist, sondern weil man hier im Vorfeld weiß, welchen Hund mit welchen Eigenschaften man bekommen wird.

Am schlimmsten sind sicher diejenigen »Züchter«, die einem Welpenkäufer die Wahl lassen, ob er den Hund mit oder ohne Papiere kaufen möchte. Mit Papieren ist der Welpe dann meist 300,– bis 500,– DM teurer. Ein solches Angebot ist in jedem Fall unseriös. Papiere, also Ahnentafeln, werden für einen Rassehund immer ausgestellt!

TIP

Die Ahnentafel dokumentiert die Abstammung des Hundes. So kann über drei und manchmal mehr Generationen, je nachdem welcher Verein die Ahnentafeln ausstellt, nachgelesen werden, welche Vorfahren der Hund hat und welche Gesundheits- und Prüfungsergebnisse diese Vorfahren haben. Gleichzeitig dokumentiert die Ahnentafel, daß der betreffende Hund nach den jeweils geltenden Zuchtbestimmungen des ausstellenden Vereins gezüchtet wurde und daß auch alle Vorfahren nach diesen Kriterien geprüft worden sind.

DUBIOSE VEREINE ▶ Es ist Sache jedes Vereins, die Bestimmungen festzulegen, nach denen jeweils gezüchtet wird. Um einen Verein zu gründen, benötigt man nach deutschem Vereinsrecht nur mindestens sieben Personen. Theoretisch könnte also eine kleine Interessengruppe oder eine Familie einen Verein gründen.

Da die Mitgliederversammlung die Regularien wie Satzung, Zuchtbestimmungen und Ausstellungsrichtlinien selbst festlegt, ist es leicht möglich, daß auf vereinsinternen Ausstellungen »Weltsieger« ernannt und diese Titel auf den Ahnentafeln vermerkt werden. Oft wird HD-Freiheit der gezüchteten Hunde ohne jegliche Untersuchung bescheinigt.

Es gibt auch Fälle, in denen in den Ahnentafeln offensichtlich bewußt falsche Angaben gemacht werden, etwa wenn ein hochprämierter Rüde als Vater eingetragen ist, obwohl er zum Zeitpunkt der Belegung der Hündin gar nicht mehr lebte, oder über 20 Welpen aus einer Verpaarung hervorgegangen sein sollen. Dann sind offensichtlich irgendwelche Welpen zugekauft worden. Ein schwunghafter Handel also.

Auch auf meinem Schreibtisch lagen schon Listen, in denen Welpen aller Rassen angeboten wurden. Man konnte dabei wählen, ob die Welpen per Bahn, Luftfracht oder LKW angeliefert werden, und bei einer Abnahmemenge von mehr als 500 Stück in einer Lieferung wurden großzügige Rabatte auf den Kaufpreis gewährt. Jedem Hundefreund muß bei dieser Vorstellung der Kragen platzen.

Irgendwelche »Papiere« sind also auch keine Garantie dafür, daß der Hund von einem seriösen Züchter stammt. Schließlich kommt es auch darauf an, daß die Angaben in den Ahnentafeln auch den Tatsachen entsprechen. Nur dann ist auch gewährleistet, daß die Papiere das dokumentieren, was für den zukünftigen Hundebesitzer von Bedeutung ist: nämlich die Rassereinheit und damit verbunden die charakteristischen Eigenschaften des Golden Retriever.

SERIÖSE ZUCHTVEREINE ▶ Ein seriöser Zuchtverein setzt es sich zum Ziel, die Eigenschaften einer Hunderasse zu erhalten und zu fördern. Zu diesem Zweck führt er ein Zuchtbuch, in das alle geborenen Welpen eingetragen werden. Sämtliche Untersuchungs- und Prüfungsergebnisse dieser Hunde werden fortlaufend ergänzt. Selbstverständlich werden auch alle Daten der jeweiligen Elterntiere vermerkt, so daß man ein lückenloses Nachschlagewerk erhält, das es ermöglicht, die Abstammung eines Hundes über viele Generationen zurückzuverfolgen. Aus diesem Zuchtbuch kann man dann auch die Verwandtschaftsverhältnisse der einzelnen Hunde ermitteln und statistische Auswertungen darüber machen, in welchen Familien z.B. bestimmte Krankheiten gehäuft aufgetreten sind.

Eine sinnvolle Zuchtplanung ermöglicht es so, bestimmte Risiken einzugrenzen und durch gezielte Zuchtberatung bestimmte Paarungen besser nicht durchzuführen, weil hier das Risiko z.B. für eine Krankheit oder untypische Merkmale besonders hoch wäre. Ohne eine solche Sammlung und Auswertung von bekannten Ergebnissen wäre jeder Wurf wieder ein »Blindflug«, bei dem man nicht weiß, was an

Die Prägung des Welpen auf den Menschen ist außerordentlich wichtig.

Welpen zu erwarten ist. Um objektive Ergebnisse bei Untersuchungen und Prüfungen zu erzielen, ist es eine wichtige Voraussetzung, Gutachter und Richter zu haben, die unabhängig sind. Aus diesem Grund sind Richter und Gutachter bei seriösen Vereinen nicht nur besonders geschult, sondern es ist ihnen auch untersagt, Hunde zu beurteilen, die aus der eigenen Zucht stammen oder die Nachkommen des eigenen Rüden sind. Im Deutschen Retriever Club z.B. gibt es nur einen Gutachter, der sämtliche HD-Röntgenaufnahmen aller untersuchten Hunde auswertet. Dieser Gutachter ist selbst nicht Züchter oder Vereinsmitglied.

Prüfungsordnungen stellen sicher, daß jeder Hund nach den gleichen Kriterien geprüft und beurteilt wird. Bei Ausstellungen werden unabhängige Richter eingeladen, die eine mehrjährige Ausbildung absolviert haben.

Ein seriöser Verein stellt Zuchtbestimmungen auf, die das Risiko für die Vererbung von Krankheiten oder untypischen Merkmalen möglichst gering halten sollen. An dieser Stelle muß aber auch gesagt werden, daß es keine Garantien dafür gibt, daß gezüchtete Welpen von bestimmten Krankheiten frei sind.

Die Zuchtbestimmungen eines Vereins sollen also dazu dienen, Golden Retriever zu züchten, die die typischen Eigenschaften eines Retrievers haben. Welche Bestimmungen dies im Deutschen Retriever Club genau sind, ist im Zuchtkapitel (Seite 101) nachzulesen. Die Zuchtauslese, das heißt die Zuchtzulassungskriterien, sind ziemlich streng. Das bedeutet auch, daß beileibe nicht jeder Hund zur Zucht verwendet werden kann. Im Welpenalter ist es un-

möglich zu wissen, ob ein Hund später die Zuchtzulassung erhalten wird oder nicht. Einige Fehler, die auftreten können, z.B. bestimmte Fehlstellungen des Gebisses oder Fehlfarben, kann man allerdings auch schon beim Welpen erkennen. Ob nun die Welpen augenscheinlich gesund sind oder ob sie zuchtausschließende Mängel haben, wird von einem Beauftragten des Vereins, der seinerseits auch wieder eine spezielle Ausbildung absolviert hat, geprüft. Der Züchter wird auch daraufhin kontrolliert, ob die Bestimmungen für die Aufzucht der Welpen eingehalten wurden und ob die Welpen vom Wesen her normal entwickelt sind. Die Wel-

Die gesunde Ernährung des Welpen garantiert einen guten Start ins Leben.

Gute Prägung

Eine gute Prägung des Welpen ist wichtig weil

- die Erfahrungen, die ein Hund in den ersten Lebenswochen macht, ihn sein ganzes Leben lang begleiten,

- alle Dinge, die er bereits zusammen mit seiner Mutter und seinen Geschwistern kennengelernt hat, ihm bereits vertraut sind,

- er sich im Alltagsleben besser zurechtfindet, wenn er bereits mit den Reizen vertraut ist, die auch später auf ihn einströmen,

- er ohnehin noch genug lernen muß und jede Erfahrung, die er schon hat, ihm das Leben erleichtert,

- schlechte Erfahrungen mit Menschen oder eine reizlose Umgebung, z.B. in einem Stall oder Zwinger, ihn sein Leben lang negativ beeinflussen werden,

- Sie selbst sich das Leben leichter machen, wenn Ihr Hund bereits so aufgezogen wurde, wie Sie ihn selbst später auch halten möchten.

pen werden tätowiert, die Nummer wird im Zuchtbuch des Vereins eingetragen und ebenso auf der Ahnentafel des Hundes vermerkt.

Ganz nebenbei bemerkt: Auch die meisten Hunde von unseriösen Züchtern sind tätowiert; das machen viele Züchter sogar selbst. Die Tätowiernummer eines Hundes ist also leider kein sicheres Merkmal für einen seriös gezüchteten Hund.

Die seriösen Rassehundezuchtvereine sind in einem Dachverband zusammengeschlossen: In Deutschland ist das der »Verband für das Deutsche Hundewesen« (VDH). Der VDH setzt u.a. die Rahmenbedingungen für die Zuchtbestimmungen fest, das heißt, er schreibt dem Zuchtverein vor, welche Regelungen in dessen Zuchtbestimmungen enthalten sein müssen. Nur wenn der jeweilige Verein diese Regelungen erfüllt und einhält, kann er Mitglied im VDH werden. Die Mitgliedschaft ist also Garant dafür, daß vorgegebene Rahmenbedingungen eingehalten werden. Für den Welpeninteressenten heißt das, daß bei den Züchtern, die dem jeweiligen VDH-anerkannten Zuchtverein angehören, schon eine gewisse Vorauswahl getroffen wurde.

Der Züchter wird im Hinblick auf die Zuchtzulassungskriterien für die Zuchthunde und auf die Aufzuchtbedingungen für die Welpen überwacht. Der VDH seinerseits untersteht dann wieder den Regularien der FCI

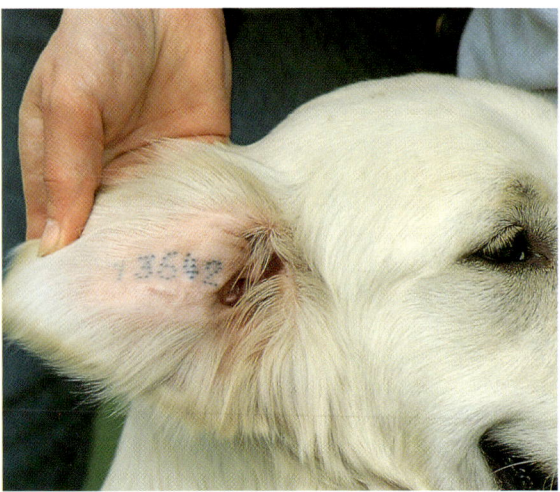

Alle Rassehunde werden in der achten Lebenswoche tätowiert. Die Tätowierung allein ist aber kein sicheres Zeichen dafür, daß der Hund von einem seriösen Züchter stammt.

(Fédération Cynologique International), die auf internationaler Ebene über die Hundezucht wacht. Ein kleiner »Familienverein«, der unzureichende Bestimmungen hat, wird in den VDH nicht aufgenommen werden können. Allerdings geben auch diese Vereine sich – zumindest auf dem Papier – übergeordnete Organisationen, damit der Welpeninteressent den Eindruck erhält, es mit einem seriösen Züchter zu tun zu haben. Oft sind sogar die Namen dieser Organisationen denen der seriösen Vereine täuschend ähnlich, so daß man beim flüchtigen Hinsehen glaubt, es mit einem VDH-Verein zu tun zu haben.

In Deutschland gibt es übrigens für die Retriever nur drei VDH-anerkannte

Zuchtvereine: der Deutsche Retriever Club (DRC), der alle sechs Retrieverrassen betreut und auch der älteste ist, der Golden Retriever Club (GRC), der ausschließlich die Golden Retriever vertritt, und der Labrador Club Deutschland (LCD), der sich nur mit den Labrador Retrievern befaßt. Die Anschriften dieser Vereine finden Sie im Serviceteil dieses Buches (Seite 118). Alle anderen Clubs und Vereine gehören nicht dem VDH an.

Wenn man nun z.B. über die Welpenvermittlung des Deutschen Retriever Clubs die Anschriften von Züchtern erhalten hat, die zur Zeit Welpen haben oder welche erwarten, sollte man sich auf die Reise begeben, um einige dieser Züchter zu besuchen. Man kann hier die gehaltenen Hunde besichtigen, Gespräche über die Rasse führen und wichtige Informationen erhalten. Der verantwortungsvolle Züchter wird den Welpeninteressenten ausführlich beraten. Bitte seien Sie nicht zornig auf den Züchter, wenn er Ihnen möglicherweise vom Kauf eines Golden Retrievers abrät; vielleicht hat er sogar recht, und man würde mit diesem Hund gar nicht glücklich werden.

Die wichtigste Voraussetzung für die Entscheidung für einen ganz bestimmten Züchter sollte das Vertrauen zu diesem Menschen sein.

Ein verantwortungsvoller Züchter wird jederzeit als Ansprechpartner zur Verfügung stehen und auch nach dem Kauf als Berater in allen Fragen rund um den Golden Retriever da sein. Er wird auch später den Kontakt zu den Welpenkäufern aufrechterhalten, um zu wissen, wie sich die von ihm gezüchteten Hunde entwickelt haben. Selbstverständlich ist es ihm wichtig,

---

▶ TIP

Der erste Weg eines Hundeinteressierten sollte also zu einem Verein führen, der dem VDH angeschlossen ist. Diese Vereine vermitteln Adressen von seriösen Züchtern, die alle geforderten Kriterien erfüllen.

daß bestimmte Untersuchungen durchgeführt werden, damit er einschätzen kann, ob die Zuchthündin gute oder weniger gute Anlagen vererbt hat und ob es sinnvoll ist, mit dieser Hündin weiter zu züchten. Er gibt Hilfestellung bei der Ausbildung und Erziehung des Welpen und bietet idealerweise sogar Welpentreffen an, wo sich die Wurfgeschwister und ihre Besitzer in regelmäßigen Abständen treffen können. Zumindest weiß er, wo Treffen stattfinden, die vom Verein aus durchgeführt werden. Wie gesagt, Erziehung ist für jeden Hund wichtig,

auch für einen Golden Retriever. Man sollte sich daher hier nicht bevormundet fühlen, sondern dieses Angebot annehmen, denn viele Fragen stellen sich erst in der jeweiligen Situation und lassen sich oft aus Büchern nicht beantworten.

Ein weiteres Anliegen des Züchters ist es, den richtigen Hund für die richtige Familie auszusuchen. Was nun die Wesenseigenschaften des Welpen betrifft, kann nur der Züchter allein beurteilen, wie sich die Welpen verhalten und entwickeln. Er verbringt schließlich die meiste Zeit mit seinen Welpen.

Auch mit anderen Haustieren versteht sich der Golden Retriever sehr gut. Bis er sie richtig kennengelernt hat, sollte man beide gut beaufsichtigen.

Welpengruppen sind wichtig, um das Sozialverhalten zu schulen. Um Verletzungen zu vermeiden, müssen die Spielpartner in etwa die gleiche Gewichtsklasse haben.

Er wird auch ein großes Interesse daran haben, den passenden Hund für die Bedürfnisse der Familie zu finden, weil nur dann gewährleistet ist, daß der Welpe richtig geprägt wird und sich so optimal und entsprechend seiner Anlagen entwickeln kann. Schließlich wird der Züchter auch an der Qualität seiner Hunde gemessen und daran, wie zufrieden die jeweiligen Welpenkäufer mit ihrem Golden im Alltag sind. Auch hier ist also das Vertrauen zum Züchter eine Grundvoraussetzung für ein gutes Gefühl aller Beteiligten.

Wie wichtig die richtige »Zuordnung« ist, sieht man dann, wenn z.B. ein ausgesprochen temperamentvoller Golden bei einem Rentnerehepaar untergebracht wird. Menschen, die selbst eher ruhig veranlagt sind und möglicherweise aus gesundheitlichen Gründen keine langen Spaziergänge oder sonstige Unternehmungen machen können oder aus anderen Gründen mit einem besonders kräftigen, lebhaften Hund nicht fertig werden, sind sicher überfordert und werden mit ihrem Hund dann wahrscheinlich nicht glücklich sein.

Ein Hund, der einem Jäger verkauft wird, wird nur dann die Erwartungen erfüllen, die in ihn gesetzt werden, wenn er die entsprechenden Anlagen mitbringt. Aus diesem Grund ist es auch wesentlich entscheidender, daß der Hund vom Charakter her zu seinen neuen Besitzern paßt, als daß er z.B. in der Farbe des Fells den Vorstellungen von Schönheit entspricht.

Ein verantwortungsvoller Züchter kennt seine Welpen sehr genau und ist stets bemüht, sie bestens zu prägen. Er wird viel Zeit mit ihnen verbringen und sie mit Familienanschluß aufwachsen lassen. Die Welpen lernen allerlei Dinge kennen: Das fängt mit alltäglichen Haushaltsgeräuschen an und geht mit der Gewöhnung ans Autofahren weiter. Außerdem wird der Welpe bereits beim Züchter viele Menschen kennenlernen und mit allerlei optischen und akustischen Reizen bekannt gemacht, damit er möglichst optimal auf sein späteres Leben vorbereitet wird. In der Gemeinschaft mit seinen Geschwistern und seiner Mutter ist der Welpe eher in der Lage, auch mit ihm unbekannten Situationen fertig zu werden. Je mehr er in dieser Zeit lernt, desto besser für seinen späteren Besitzer.

Der Züchter wird dem Welpenkäufer außerdem mit Rat und Tat zur Seite stehen, wenn es um die Entscheidung geht, ob ein Rüde oder eine Hündin besser zur Familie paßt.

Selbstverständlich hält der Züchter seine eigenen Hunde mit viel Familienanschluß, sie sind für ihn nicht nur »Zuchtmaterial«. Der Aufwand, der zu einer verantwortungsbewußten Zucht gehört, sowohl zeitlich als auch kräftemäßig, bedingt es, daß der Züchter nicht ständig Welpen haben kann. In

Rüde oder Hündin?

Bei dieser Frage sind mehrere Aspekte zu bedenken: Zunächst wird die Hündin zweimal pro Jahr läufig. Die Läufigkeit dauert drei Wochen, die Hündin hat während dieser Zeit einen blutigen Scheidenausfluß. Während der Läufigkeit, gerade in der befruchtungsfähigen Zeit, kann es sein, daß sie alles daransetzt, zu einem Rüden zu gelangen. Man muß sie also in dieser Zeit gut im Auge behalten. Die Läufigkeit z.B. durch die Verabreichung von Hormonen zu unterdrücken, kann ein gesundheitliches Risiko darstellen. Auch eine Kastration der Hündin sollte nicht in Betracht kommen, wenn nicht andere medizinische Gründe einen solchen Eingriff notwendig machen.
Der Rüde ist das ganze Jahr über sexuell aktiv. Wenn also z.B. in der Nachbarschaft eine Hündin läufig ist, kann es sein, daß der Rüde darauf reagiert, indem er z.B. schlecht frißt, über Zäune springt oder nachts »den Mond anheult«.
Auch ein Rüde hat häufig Ausfluß: es tropft ein eitriges Sekret unter der Vorhaut heraus. Dieser sog. Vorhautkatarrh ist bei vielen Rüden chronisch. Im Charakter unterscheiden sich die beiden Geschlechter ebenfalls. In der Regel sind die Hündinnen unterordnungsbereiter. Oft sind die Rüden psychisch belastbarer. Das kann dazu führen, daß bei der Erziehung des Rüden noch mehr Konsequenz erforderlich ist als bei der Hündin. Allerdings gibt es immer auch Ausnahmen von dieser Regel. Sprechen Sie daher mit dem Züchter, er kann Sie sicher beraten.

der Zeit, wo Welpen im Haus sind, hat die gesamte Familie viele Einschränkungen hinzunehmen, weil für kaum etwas anderes Zeit bleibt. Nicht nur die Besuche der Welpenkäufer, die so häufig wie möglich erfolgen sollten, sondern auch die Pflege und Prägung der Welpen sind sehr zeitintensiv.

Die Betreuung der Welpen und ihrer Besitzer nach der Abgabe ist ebenfalls sehr zeitaufwendig. Es wird daher nur schwerlich möglich sein, das ganze Jahr über Welpen zu haben, ohne dabei die Pflichten, die ein seriöser Züchter hat, zu vernachlässigen. Will man also einen Hund von einem guten Züchter, so wird man vielleicht eine längere Wartezeit in Kauf nehmen müssen.

In jedem Fall sollte der Weg zum Züchter ausschließlich der über den VDH bzw. ÖKV oder SKG (Seite 118) sein. Nur die Sachkenntnis des seriösen Züchters und seine Hochachtung vor dem entstehenden Leben sind Garant für einen verantwortungsbewußten Umgang mit Hunden und Menschen. Die intensive Auseinandersetzung mit diesem Thema ist gerade beim Golden Retriever besonders wichtig, weil ca. 70% aller gezüchteten Welpen nicht von VDH-anerkannten Züchtern stammen. Die unzähligen Geschichten von unglücklichen Retrieverbesitzern, deren Hunde sich später aggressiv zeigten oder bereits im jungen Alter so krank wurden, daß man sie nur noch einschläfern konnte, sprechen für sich. Selbstverständlich sind auch im VDH gezüchtete Hunde nicht immer perfekt, aber die Geschichten, die einem die Haare zu Berge stehen lassen, werden meistens von Menschen erzählt, die einen Hund von einem Züchter gekauft haben, der nicht dem VDH angeschlossen ist.

Formalitäten beim Hundekauf

☐ Ein Kaufvertrag regelt den Preis und evtl. ein Vorkaufsrecht des Züchters, wenn der Welpe wieder abgegeben werden muß; auch ein Besuchsrecht des Züchters kann Vertragsbestandteil sein.

☐ Der Impfpaß des Welpen, ein Futterplan, Futter für die nächsten Tage und ggf. ein Wurmmittel wird bei Übergabe ausgehändigt.

☐ Die Ahnentafel des Welpen liegt bei Übergabe möglicherweise noch nicht vor, sie wird nachgereicht.

☐ Alle Leistungen sind im Welpenpreis enthalten; Mehrkosten, z.B. für die Ahnentafeln, sind unseriös.

☐ Für jeden Welpen wird eine Ahnentafel ausgestellt, für den Käufer besteht keine Wahlmöglichkeit, ob er eine Ahnentafel bekommt oder nicht.

☐ Der Welpe ist tätowiert, entwurmt und geimpft (zumindest gegen Staupe, Hepatitis, Leptospirose und Parvovirose).

Auch bei Regenwetter geht der Golden Retriever gern nach draußen.

► Abholen

Der langersehnte Moment ist da, der Welpe kann endlich abgeholt werden. Selbstverständlich hat der Züchter alle Welpenkäufer eingehend informiert und beraten, hat einen Futterplan und die »Gebrauchsanweisung« für den Welpen ausgearbeitet und alle bis dahin entstanden Fragen ausführlich beantwortet. Beim letzten der zahlreichen Besuche während der ersten acht Lebenswochen sollte man ein Kleidungsstück oder Handtuch beim Züchter zurücklassen, mit dem man vorher ein paar Nächte in einem Bett geschlafen hat, damit es intensiv nach dem Menschen riecht, zu dem der Welpe nun gehören soll. Zunächst hat der Welpe dadurch die Möglichkeit, den Geruch genau kennenzulernen, und wenn das Tuch dann später in seinem neuen Zuhause auf dem Schlafplatz liegt, ist alles nicht so unbekannt und fremd für ihn.

Außerdem gibt der Züchter Futter für die erste Zeit mit, damit der Welpe nicht durch eine plötzliche Futterumstellung Durchfall bekommt. Ein Wurmmittel für die nächste fällige Entwurmung, einen Plan, wann der Welpe bisher entwurmt worden ist und wann er das nächste Mal entwurmt werden muß, und vielleicht noch ein Buch über Erziehung oder Aufzeichnungen des Züchters über die Eigenschaften und Bedürfnisse des Welpen sind ebenfalls im Gepäck. Selbstverständlich fehlt auch der Impfpaß des Welpen nicht. Hier wird bescheinigt, daß der Welpe zumindest gegen Staupe, Hepatitis, Leptospirose und Parvovirose geimpft worden ist. Die Ahnentafel liegt bei Abgabe meist noch nicht beim Züchter vor, sie wird später nachgereicht.

Der Welpe ist tätowiert, und der Bericht über die Wurfabnahme, bei der geprüft wurde, ob die Aufzuchtbedingungen des Zuchtvereins erfüllt wurden und ob der Welpe irgendwelche offensichtlichen Mängel oder Krankheiten hat, wird ebenfalls ausgehändigt.

Man sollte den Welpen so früh wie möglich am Tag abholen und sich selbstverständlich an diesem Tag nichts anderes vornehmen. Dieser und auch die folgenden Tage gehören zuallererst dem neuen Familienmitglied. Daß man früh am Morgen den Welpen abholen sollte, hat zwei Gründe: Einmal hat man noch den ganzen Tag vor sich, und der Welpe hat genügend Zeit, das neue Zuhause kennenzulernen. Außerdem sollte der Welpe nicht gefüttert werden, bevor er die große Reise antritt. Das vermindert das Risiko, daß

ihm bei der Autofahrt schlecht wird. Wenn man dann im neuen Zuhause ankommt, hat er gleich das positive Erlebnis, hier gefüttert zu werden.

Die Fahrt mit dem Auto ist für den Welpen wahrscheinlich nicht die erste. Der verantwortungsvolle Züchter hat diese Situation bereits geübt. Trotzdem ist ein so junger Hund noch kein routinierter Autofahrer. Es kann sein, daß ihm die Fahrt nicht sehr gut gefällt. Die meisten Welpen versuchen, die vorbeirauschende Landschaft zu fixieren, die Geräusche und das Schaukeln sind ungewohnt, und lange still zu sitzen, ist nicht gerade eine Leidenschaft des jungen Hundes. Man sollte also einen Platz im Auto auswählen, wo der junge Hund sich so behaglich wie möglich fühlt. Das kann der Schoß des Beifahrers sein oder die Rückbank, wenn je-

Der Kontakt zu anderen Hunden ist wichtig. Kein Mensch kann einen vierbeinigen Spielpartner ersetzen.

Der Golden Retriever ist nicht gern allein. Am liebsten möchte er überallhin mitgenommen werden.

mand zusammen mit ihm dort sitzt und ihn ablenken kann. Vielleicht fährt er auch im Fußraum des Beifahrersitzes am ruhigsten, hier kann er nicht nach draußen schauen, und es schaukelt auch am wenigsten.

TIP

Die Ladefläche eines Kombi ist für einen so jungen Hund noch kein geeigneter Platz. Setzen Sie sich selbst mal hinein, Sie werden staunen, wie Sie durchgeschüttelt werden. Erst wenn der Hund älter ist, sollte man ihn hinten mitfahren lassen.

Selbstverständlich ist der Fahrstil gemäßigt, Autorennen und rasantes Kurvenfahren schätzt der kleine Passagier nicht, und er soll ja keine schlechte Erfahrung machen. Wenn man ihn abholt, ist man also am besten zu zweit. Ein Handtuch und eine Rolle Küchenpapier sollten griffbereit sein, falls dem Hundebaby ein Mißgeschick passiert. Wenn sich Unruhe breit macht, spricht man beruhigend auf den Hund ein, streichelt ihn. Das mitgenommene

Handtuch, das nach Mama und Geschwistern riecht, beruhigt ihn zusätzlich.

Bei einer längeren Fahrt sollte man immer wieder kleine Pausen machen, damit sich der Welpe lösen kann. Selbstverständlich nicht direkt an der Autobahn und fernab von jeglicher befahrenen Straße. Wenn es sehr warm ist, sollten auch eine kleine Schüssel und etwas Wasser nicht fehlen.

▶ Ankunft im neuen Heim

Zu Hause angekommen, setzt man ihn zunächst einmal im Garten ab und erkundet mit ihm gemeinsam seine neue Umgebung. Vielleicht wird er sogar gleich sein Geschäft verrichten, selbstverständlich wird er dann kräftig gelobt. Anschließend geht man gemeinsam ins Haus und bietet ihm seine Mahlzeit an. Dann wird die Wohnung inspiziert und man zeigt dem Welpen den Platz, den man für ihn ausgesucht hat. Hier deponiert man das mitgebrachte Handtuch, das nach Mama und Geschwistern riecht. Der Schlafplatz sollte so gelegen sein, daß der Welpe das Geschehen in der Wohnung beobachten kann und sich nicht ausgeschlossen fühlt. Trotzdem sollte er hier seine Ruhe finden und nicht von rastlos vorbeilaufenden Familienmitgliedern ständig gestört werden. Der Platz sollte zugluftfrei und gemütlich sein; die meisten Hunde lieben es, wenn sie sich irgendwo anlehnen können, also z.B. eine Wand im Rücken haben. Vor Kälte von unten schützt man ihn durch eine Decke oder eine waschbare Unterlage. Ein Körbchen muß es nicht unbedingt sein, ein kleiner Hund zernagt alles, und ein Weidenkorb könnte hier zu Verletzungen führen.

Für die meisten Hunde sind die Autofahrt und die vielen neuen Eindrücke sehr ermüdend, es kann also gut sein, daß der neue Hausgenosse sich bald zum Schlafen hinlegt. Vielleicht läuft er auch noch eine Weile in seinem neuen Zuhause hin und her oder sucht unruhig nach seiner Familie. Wie auch immer, lassen Sie ihn gewähren, beruhigen Sie ihn, wenn nötig, und geben Sie ihm die Gelegenheit, sich alles erst einmal anzusehen. In keinem Fall sollte als Begrüßungskomitee die gesamte Verwandtschaft und Nachbarschaft gleich am ersten Tag bei Ihnen einfallen.

Manche Welpen sind in den ersten Tagen etwas zurückhaltend, sie vermissen möglicherweise die Geschwister und die vertraute Umgebung. Keine Sorge, der kleine Wirbelwind taut schon noch auf. Er muß erst einmal Vertrauen fassen, sich in seiner neuen Umgebung zurechtfinden und den Trennungsschmerz vergessen. Damit er seine Selbstsicherheit zurückerlangt, sollte man ihn in den ersten Tagen nicht mit zu vielen neuen Eindrücken überfordern.

► Sicherheitsvorkehrungen im Haus

- Kinderspielzeug, Schuhe und andere Dinge, die nicht herumgetragen werden sollen, müssen weggeräumt werden.

- Kleinteile, die verschluckt werden könnten, sollten nicht herumliegen.

- Kabel, giftige Pflanzen, wertvolle Teppiche hochstellen oder wegräumen, ein Welpe nagt gern alles mögliche an.

- Treppen sichern, z.B. durch Kindergitter, damit der Welpe nicht runterfallen kann.

- Der Garten sollte sicher umzäunt werden.

► Die erste Nacht

Die erste Nacht kann etwas unruhig werden. Auf keinen Fall sollte man einen kleinen Golden Retriever sich selbst überlassen. Er hat bisher noch keine Nacht allein geschlafen, das Atmen der Geschwister hat ihm Geborgenheit gegeben. Die Funktion des Rudels erfüllt jetzt der Mensch. Der beste Schlafplatz für die Nacht ist also in unmittelbarer Nähe des Menschen. Man muß nicht das Bett teilen, aber wenn man es tut, sollte man sich darüber im klaren sein, daß der Hund dieses Recht auch in Zukunft für sich in Anspruch nimmt. Er wird nicht verstehen, daß er einmal unter die Decke kriechen darf und dann plötzlich nicht mehr. Liegt seine Decke vor dem Bett, kann man nachts die Hand ausstrekken, um ihn zu streicheln, wenn er unruhig wird.

Der Rhythmus von Tag und Nacht muß sich auch erst noch festigen. Ein Welpe muß auch nachts raus. Seine

Blase und der Darm haben noch nicht genügend Fassungsvermögen, um die vielen Stunden zu überstehen. Man wird also das eine oder andere Mal die eigene Nachtruhe unterbrechen müssen, um ihn in den Garten zu bringen. Wenn man aber sicher ist, daß er sich gelöst hat, legt man sich wieder hin

Erziehung ist auch für den Golden Retriever unbedingt notwendig.

und es gilt »Licht aus«. Läßt man sich dazu verleiten, nachts mit ihm zu spielen, könnte es sein, daß er das als Normalzustand empfindet und einem keine Ruhe mehr läßt.

Damit der Welpe sich nachts nicht selbständig macht und vielleicht etwas anstellt, sollte man ihn unbedingt unter Kontrolle behalten. Schläft er direkt neben dem eigenen Bett, kann man hören, wenn sich etwas regt, und ggf. eingreifen.

In der ersten Zeit ist ein Welpe sehr arbeitsintensiv, er beansprucht viel Zeit und je intensiver man sich mit ihm beschäftigen kann, desto schneller hat er gelernt, was von ihm erwartet wird und welche Dinge verboten sind. Die Bindung und das Vertrauen zu seinen Besitzern wachsen sehr schnell, wenn man viel Zeit mit ihm verbringt. Außerdem geht diese anstrengende, aber auch wundervolle Zeit sehr schnell vorbei und ist dann nicht mehr nachzuholen.

▶ Stubenreinheit

Zuerst muß der Welpe lernen, stubenrein zu werden. Allein dieses Unterfangen bedeutet sehr viel Einfühlungsvermögen und eine gute Beobachtungsgabe. Ein acht Wochen alter Welpe ist rein physisch nicht in der Lage, seine Schließmuskeln zu kontrollieren. Der Darm und die Blase entleeren sich mehr oder weniger automatisch und es dauert eine gewisse Zeit, bis er steuern kann, wann und wo er sich löst.

Am besten wählt man einen Platz aus, wo man immer wieder mit ihm hingeht und verbindet sein Tun mit einem aufmunternden Kommando, damit er begreift, was man von ihm erwartet. Man sollte ihm Zeit lassen und

▶ Wann muß er raus?

☐ Nach jeder Mahlzeit

☐ Nach jeder längeren Schlaf-
pause

☐ Nach Spielphasen

☐ Mindestens alle zwei Stunden, es sei denn, er schläft gerade tief und fest

☐ Wenn er, mit der Nase auf
dem Boden suchend, im Zimmer umherläuft

braucht, um zu begreifen, daß Hinter-
lassenschaften auf dem Teppich seinen
Besitzer nicht gerade erfreuen, ist von
Hund zu Hund unterschiedlich lang.
Natürlich lobt man ihn nicht für eine
Pfütze auf dem Teppich, man wischt
sie kommentarlos weg, und gut ist
es.

geduldig warten, bis es geklappt hat.
Dann kann man ihn ausführlich loben
und auf diese Weise wird er schnell begreifen, daß es toll ist, draußen sein
Geschäft zu verrichten.

Man sollte jedoch nicht sofort wieder reingehen, wenn sich der Welpe
gelöst hat. Die meisten Welpen sind
gern draußen und es könnte sein, daß
er, um länger draußen bleiben zu können, alles einhält, wenn er gelernt hat,
daß, sofort nach dem er sich gelöst hat,
das Spiel vorbei ist. Man darf also nicht
ungeduldig werden und sollte auch
nach dem erwünschten Erfolg noch ein
wenig mit ihm spielen, bevor man
zurück ins Haus geht.

Mit viel Lob macht man dem kleinen Golden am besten verständlich,
was man will. Es nutzt nichts, ihn zu
strafen oder gar mit der Schnauze in
die Pfütze zu tauchen, wenn im Haus
ein Malheur passiert. Man schüchtert
ihn nur ein, denn er kann es nicht besser und vermag unsere Reaktion nicht
einzuordnen. Die Zeit, die der Welpe

**Durch artgerechte
Beschäftigung
festigt man die
Bindung und för-
dert die Anlagen
des Hundes.**

TIP

Wer eine gute Beobachtungsgabe und viel Zeit für seinen Welpen hat, wird möglicherweise viele Pannen verhindern können. Man sieht dem Welpen nämlich an, wenn er muß. Der Hund braucht einen Geruchsreiz, um sich lösen zu können. Er wird also, bevor es passiert, sich mit der Nase auf dem Boden suchend durch das Zimmer bewegen. Dann wird es höchste Zeit. Man nimmt den Welpen hoch und bringt ihn in den Garten, wo es dann auch schnell klappt. Eins kann er aber sicher nicht, nämlich warten, bis man Zeit hat, mit ihm nach draußen zu gehen. Zuerst muß also der Besitzer »stubenrein« werden und lernen, die Signale seines Hundes zu deuten.

Wenn ein Welpe also sehr schnell stubenrein wird, spricht das in erster Linie für die gute Beobachtungsgabe und das Einfühlungsvermögen seines Besitzers. Wenn es etwas länger dauert, verzweifeln Sie nicht, bis jetzt hat es noch jeder Hund irgendwann begriffen.

▶ Welpentreffen, Welpenspieltage

Dies sind Treffen, die vom Züchter oder vom Verein organisiert und durchgeführt werden. Sie dienen in erster Linie dem Sozialkontakt der Welpen untereinander. Ein sinnvoller »Nebeneffekt« ist, daß man mit anderen Welpenbesitzern Erfahrungen austauschen kann. Der Leiter der Gruppe sollte ein sehr erfahrener Hundeführer sein, der möglichst nicht nur einen einzigen Welpen aufgezogen hat. Es gehört viel Sach- und Menschenkenntnis dazu, eine Welpengruppe zu leiten. Der richtige Zeitpunkt, sich einer Welpengruppe anzuschließen, ist dann gekommen, wenn der Welpe zumindest die zweite Impfung erhalten hat. Das ist in der Regel mit etwa zwölf Wochen der Fall, es macht aber auch nichts, wenn der Welpe schon etwas älter ist, wenn er in die Gruppe kommt.

Wichtig ist nur, daß die anderen Welpen der Gruppe in etwa die gleiche Gewichtsklasse haben. Beim Spiel mit wesentlich größeren und schwereren Hunden könnte der Welpe gesundheitlichen Schaden nehmen.

In erster Linie dient die Welpengruppe der Förderung des Sozialkontaktes; die meisten Welpen werden einzeln gehalten und es ist daher wichtig, daß sie lernen, wie man sich mit Artgenossen zu benehmen hat. Die Welpen werden sich schnell untereinander klarmachen, wo Grenzen sind. Wenn es jedoch zu heftig wird, muß man manchmal eingreifen.

Außerdem wird man in der Welpengruppe die ersten – selbstverständlich spielerischen – Schritte in Richtung Gehorsam und Erziehung gehen. Das fängt mit der Leinenführigkeit an und geht über das Apportieren und das Herankommen weiter. Sicher sollte man hier nicht einen übergroßen Ehrgeiz entwickeln, aber man darf auch nicht aus dem Auge verlieren, daß der Welpe schnell groß und schwer wird und auch beim Hund gilt: »Was Hänschen nicht lernt, lernt Hans nimmermehr«. Wie auch immer, wenn sich die Möglichkeit bietet, sollte man im eigenen Interesse und auch im Interesse des Welpen diesen »Hundekindergarten« besuchen.

TIP

In welchem Rhythmus die Treffen stattfinden, ist in den Gruppen unterschiedlich. In keinem Fall sollte man aber hier die jungen Hunde körperlich überfordern. Eine Welpenspielstunde oder auch vielleicht 90 Minuten sind lang genug, auch wenn die Welpen den Eindruck machen, als könnten sie noch stundenlang weitertoben.

▶ **Versicherungen**

Spätestens wenn man beginnt, mit dem Retrieverwelpen zu solchen oder ähnlichen Treffen zu gehen, braucht er eine Haftpflichtversicherung. Ein Schaden ist schnell entstanden und auch über einen kleinen Hund kann man stolpern und sich vielleicht ein Bein brechen. Das kann dann teuer werden! Die meisten Versicherungsgesellschaften bieten Tierhalterhaftpflichtversicherungen an. Die Konditionen sind unterschiedlich, ein Vergleich lohnt sich daher.

TIP

Der Deutsche Retriever Club hat mit einer Versicherungsgesellschaft einen Rahmenvertrag geschlossen, nach dem Mitglieder des Vereins ihren Hund sehr kostengünstig versichern können. Man sollte also auch den Züchter fragen, auch er kann sicher interessante Informationen geben.

Inwieweit eine Krankenversicherung für den Hund sinnvoll ist, muß jeder Hundehalter für sich selbst durchrechnen.

Selbstverständlich muß man für einen Hund auch Steuern bezahlen. Die Steuersätze sind in den Gemeinden unterschiedlich hoch, und auch der Zeitpunkt, ab wann der Hund angemeldet werden muß, ist in der Steuersatzung einer jeden Gemeinde unterschiedlich geregelt. Die Gemeindeverwaltung ihres Wohnortes kann hier Auskunft geben.

Ein aufmerksamer, gesunder Junghund macht viel Freude. Die Zeit, die man in den jungen Hund investiert, zahlt sich später in jedem Fall aus.

▶ Grundausstattung

Die wichtigsten Dinge sind, wie schon beschrieben, ein zugluftfreier Liegeplatz mit einer leicht waschbaren Decke, eine Schüssel für Futter und Wasser, eine Bürste und ein Kamm und eine Hundeleine. Eine Hundepfeife kann sehr sinnvoll sein, und für den Retriever sind natürlich Dummys ein wichtiges Utensil. Näheres erfahren Sie im Kapitel über Erziehung (Seite 77). Selbstverständlich braucht der Welpe Spielzeug. Dabei ist darauf zu achten, daß es Dinge sind, die er nicht verschlucken oder zerkauen kann. Gern trägt der Retriever etwas umher, es ist also sinnvoll, wertvolle Schuhe nicht herumstehen zu lassen, denn die sind manchmal attraktiver als das teuerste Hundespielzeug. Selbst wenn der Hersteller garantiert, daß ein bestimmtes Produkt unzerstörbar ist, fragen sie zuerst ihren Welpen, ob das auch stimmt. Nicht immer sind es die teuren Artikel, die dem Hund am meisten Freude machen, manchmal erfüllt ein zusammengeknotetes Paar Socken oder ein altes Handtuch den Zweck noch besser. Man muß ausprobieren, woran man selbst und der Hund am meisten Spaß hat; die Angebote der Hersteller sind vielfältig.

▶ Erstausstattung für den Golden Retriever

☐ Waschbare Schlafunterlage, z.B. Kunstfell oder Dry-Bed

☐ Näpfe für Futter und Wasser, aus Kunststoff oder Edelstahl, rutschfest und von ausreichender Größe

☐ Spielzeug, verknotete Tücher oder Socken, Tennisbälle, Pappkartons ohne Metallteile; bei Kunststoffspielzeug unbedingt darauf achten, daß keine Teile abgebissen und verschluckt werden können

☐ Welpendummy, schwimmend, 200 g

☐ Hundepfeife aus Büffelhorn, doppeltönig mit glattem und Trillerpfiff

☐ Zeckenzange

☐ Bürste und Kamm

☐ Handtücher

Gesunde Ernährung

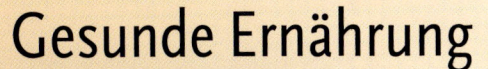

Gesunde Ernährung

▶ Welpenfütterung

Einen Futterplan für den Golden Retriever bekommt der Welpenkäufer vom Züchter. Hier ist genau aufgelistet, womit der Welpe beim Züchter gefüttert worden ist. Es ist nicht ratsam, das Futter sofort umzustellen, da Welpen auf krasse Futterumstellungen häufig mit Durchfall reagieren. Genaue Futtermengen anzugeben, ist für den Züchter jedoch nicht einfach, da im Rudel mit den Geschwistern der Futterneid eine große Rolle spielt. Außerdem bewegen sich die Welpen miteinander sehr viel mehr, als wenn sie dann allein in ihrem neuen Zuhause sind. Aus diesem Grund kann es sein, daß der Welpe die angegebene Futtermenge gar nicht vertilgen kann. Andere Welpen wiederum fressen plötzlich mehr, als im Futterplan angegeben.

Grundsätzlich gilt, daß Welpen in der Regel nicht fett werden, sondern eher zu schnell wachsen. Ein zu schnelles Wachstum, gerade bei großen Rassen, kann aber zu Schädigungen der Gelenke führen, da das zu große Gewicht von den noch weichen Knochen nicht getragen werden kann.

Aus diesem Grund sollte man in jedem Fall ein Futter verwenden, das einen nicht zu hohen Proteingehalt hat. Ein Welpe ist kein Bodybuilder: er hat nur die Aufgabe zu wachsen, und dazu muß er keine Unmengen von Proteinen zu sich nehmen. Wenn dem hohen Energiegehalt des Futters die körperliche Betätigung nicht entspricht, baut der Körper vermehrt Fettgewebe auf. Ein Futter mit einem hohen Proteingehalt mag z.B. für Schlittenhunde oder trächtige Hündinnen die richtige Ernährung sein, ein Welpe jedoch, der keine körperlichen Höchstleistungen vollbringen kann und darf, sollte nicht zu proteinhaltig gefüttert werden.

Die Ernährung des Golden Retriever

▶ Die Gewichtsentwicklung	
Alter	*Gewicht*
Geburt	ca. 400 g
1 Woche	ca. 800 g
8 Wochen	ca. 6–8 kg
11 Wochen	ca. 10 kg
6 Monate	ca. 23 kg
12 Monate	ca. 32 kg

muß also ausgewogen sein. Dabei ist zu beachten, daß der Hund kein reiner Fleischfresser ist. Wenn er ein Beutetier reißen würde, etwa ein Kaninchen, würde er zuerst die Eingeweide auffressen. Der Darminhalt eines Pflanzenfressers enthält viele wichtige Nährstoffe. Vorverdaute Pflanzenreste enthalten Mineralien und Vitamine. So kann auch die Vorliebe eines Hundes für den Kot von Pflanzenfressern, etwa Schafen, ein Zeichen von Mineralstoffmangel sein. Ein Stück weit muß ein Hundebesitzer allerdings damit leben, daß sein neuer Hausgenosse Dinge mag, die für uns Menschen eher unappetitlich sind.

▶ Fertigfutter

Die Futtermittelindustrie bietet eine große Palette von Hundefutter an. Inzwischen wird für jedes Alter ein spezielles Futter produziert. Die meisten Futtermarken sind so ausgewogen, daß sie als Grundnahrungsmittel für den Golden Retriever geeignet sind. Wichtig ist gerade für Welpen, daß der Proteingehalt nicht zu hoch ist: 20 bis 25% sind für den heranwachsenden Hund durchaus genug. Manche Welpenfutter haben mehr Proteine. Auch hier gilt also: Vertrauen Sie dem Züchter Ihres Hundes – er hat sicher Erfahrungen mit dem von ihm empfohlenen Futter gemacht.

▶ Futterplan

Der Speiseplan eines Welpen sieht von der achten bis zur zwölften Lebenswoche vier Mahlzeiten pro Tag vor. Die Futtermenge, die der kleine Magen auf einmal aufnehmen kann, ist nicht sehr groß, daher muß die Tagesration aufgeteilt werden.

MORGENS ▶ Gegen 8.00 Uhr erhält unser kleiner Freund eine Portion Trockenfutter, das man einige Zeit zu-

Die gesunde, ausgewogene Ernährung des Welpen ist besonders wichtig.

vor mit warmem Wasser eingeweicht hat. Dies ist wichtig, da die meisten Hunde ihr Futter sehr schnell hinunterschlingen. Wenn es trocken verabreicht wird, tritt zum einen das Sättigungsgefühl beim Welpen erst sehr spät ein; zum anderen quillt das Futter dann im Magen auf. Dadurch wird dem Körper Flüssigkeit entzogen, der Welpe muß dann viel Wasser trinken und der kleine Bauch ist viel zu voll. Verdauungsstörungen können die Folge sein.

Die Mahlzeit wird angereichert mit frischem Obst oder Gemüse, z.B. geraspelten Karotten oder Äpfeln. Auch gekochte Kartoffeln, Nudeln oder Reis sind eine gute Beilage. Essensreste, gewürzte Speisen oder Soßen kann das Verdauungssystem des Hundes nicht verarbeiten, sie führen zu Gesundheitsstörungen und möglicherweise zu Organschäden.

Zum Verfeinern des Geschmacks kann man auch Fleisch unter die Mahlzeit mischen. Dabei ist jedoch zu beachten, daß ein Stück Muskelfleisch für einen Hund längst nicht so nahrhaft ist, wie z.B. grüner Pansen. Dieser

Teil des Rindermagens enthält vorverdaute Gras- und Pflanzenreste. Der Geruch dieser »Hundedelikatesse« ist zwar für viele Menschen nicht sehr angenehm, Ihr Hund jedoch wird sie lieben, und vielleicht werden für uns unappetitliche Gelüste, wie z.B. das Vertilgen der Hinterlassenschaften von Kaninchen oder anderen Pflanzenfressern, durch das regelmäßige Füttern von grünem Pansen etwas eingedämmt. Im grünen Pansen sind außerdem bestimmte Bakterien enthalten, die für die Darmflora des Hundes sehr nützlich sind. Der Stuhlgang eines Hundes, der zu Durchfällen neigt, kann durch regelmäßige Gabe dieser Innerei wieder normalisiert werden.

TIP

Als Fleischeinlage eignen sich neben grünem Pansen auch Rinderherz, Kopffleisch, Hühnerfleisch oder auch gekochter Fisch. Rohes Schweinefleisch sollte niemals gefüttert werden, auch nicht das kleinste Stückchen Mettwurst oder roher Schinken.

Nach der Mahlzeit sollte der Hund für eine Weile ruhen.

Ein Hund kann durch rohes Schweinefleisch an der Aujetzkyschen Krankheit sterben. Diese Krankheit wird durch einen Virus verursacht, der für Menschen nicht gefährlich ist. Für einen Hund kann die Infektion tödlich enden. Der Verlauf ähnelt dem der Tollwut, der Hund ist innerhalb von zwei Tagen tot, eine Chance auf Heilung besteht nicht. Gehen Sie also besser kein Risiko ein!

Auch gekochtes Schweinefleisch ist nicht besonders gesund. Man sollte besser Rindfleisch füttern. In jedem

Das Toben mit vollem Bauch kann zur einer Magendrehung führen. Man sollte den Hund daher nicht unmittelbar vor einem Spaziergang füttern.

Fall ist aber zu beachten, daß auch Trocken-Alleinfutter (Vollnahrung) einen ausreichenden Fleischanteil enthält. Die zusätzliche Gabe von Fleisch soll lediglich zur Geschmacksverbesserung dienen.

Dosenfutter erfüllt diesen Zweck auch, aber durch das Kochen gehen viele Vitamine und Mineralstoffe verloren. In keinem Fall sollte ausschließlich Dosenfutter gefüttert werden, in dem der Fleischanteil zu hoch ist. Ein Hund, der nur mit solchem Dosenfutter ernährt wird, riecht meistens sehr stark, das Fell ist fettig und glanzlos und häufig hat er Hautprobleme, da auch hier der Proteingehalt wesentlich zu hoch ist.

MITTAGS ▶ Die Mittagsmahlzeit wird gegen 12.00 Uhr verabreicht. Um den Kalziumgehalt des Futters zu erhöhen, bietet sich hier ein Welpenbrei an (Hafer- oder Griesbrei, gekocht mit je zur Hälfte Wasser und Milch). Unter den Brei mischt man Joghurt, Quark oder Hüttenkäse. Die Milchsäurebakterien pflegen den Darm, das Milcheiweiß und der hohe Kalziumgehalt sind für die Entwicklung des jungen Golden Retrievers sehr zuträglich. Unter den Brei kann man außerdem eine zerdrückte Banane, einen geriebenen Apfel oder eine Karotte mischen, auch ein Eigelb pro Woche tut dem Hund gut. Rohes Eiweiß sollte man jedoch nicht füttern: bestimmte Inhaltsstoffe im rohen Eiweiß verhindern, daß die Vitamine des Eigelbs vom Körper aufgeschlossen werden können.

Milch sollte nur verdünnt mit Wasser gegeben werden, da sie unverdünnt Durchfall verursachen könnte.

NACHMITTAGS UND ABENDS ▶
Die dritte Mahlzeit erhält unser Welpe gegen 17.00 Uhr, sie ist ähnlich zusammengesetzt wie die Mahlzeit um 8.00 Uhr. Gegen 21.00 Uhr steht wieder Welpenbrei auf dem Speiseplan, genau wie um 12.00 Uhr. Die Spätmahlzeit ist somit leicht verdaulich, das wiede-

Kauknochen beugen Zahnbelag vor. Aber auch diese Leckereien haben Kalorien. Allzuviel ist daher ungesund.

rum führt dazu, daß unser Baby die Nacht besser durchhält und wegen eines vollen Darms nicht zu oft nach draußen muß.

▶ **Futterzusätze**
Als weitere Futterzusätze empfehlen sich hin und wieder ein kleiner Löffel Traubenzucker, Honig, Seealgenmehl oder auch Pflanzenöl. In den sonnenarmen Monaten kann man auch einen kleinen Löffel Lebertran unter das Futter mischen.

Wenn das Futter des Hundes zu 2/3 aus pflanzlichen Bestandteilen und zu 1/3 aus Fleisch besteht, wenn ausreichend Milchprodukte, Obst und hin und wieder auch mal ein paar frische Kräuter, Salat oder z.B. Löwenzahn mit auf dem Speiseplan stehen, kann man auf Futterzusätze wie Vitamin- oder Mineralstoffpräparate verzichten. Auch hier gilt: Ein Zuviel ist manchmal schädlicher, als ein Zuwenig. Ein zu hoher Kalziumanteil kann dazu führen, daß die Knochen des Hundes

zu schnell aushärten. Das kann zu Haarrissen an den Wachstumsfugen des Knochens führen, wo sich dann Arthrosen bilden können. Zu viele Vitamine werden vom Körper nicht verarbeitet und wieder ausgeschieden. Die meisten Fertigfuttersorten haben einen ausgewogenen Gehalt an Vitaminen und Mineralstoffen.

▶ **Futtermenge**
Die vom Futtermittelhersteller empfohlenen Mengen sind häufig reichlich bemessen. Man muß seinen Golden Retriever beobachten, um zu wissen, wieviel er braucht. Ein gesunder Hund wirkt niemals dick, man kann die Rippen fühlen, wenn man ihn streichelt. Er sollte aber auch nicht so dünn sein, daß man die Rippen sehen kann. Als Faustregel gilt: ein eher etwas dünnerer Hund ist sicher gesünder als ein dicker Hund, wobei die Zusammensetzung des Futters immer so sein muß, daß keine Mangelerscheinungen auftreten.

▶ Anzahl der Mahlzeiten

Mit etwa zwölf Wochen stellt man den jungen Golden Retriever auf drei Mahlzeiten pro Tag um. Man läßt zunächst die Spätmahlzeit weg, gleichzeitig vergrößert man die Abstände zwischen den verbleibenden Mahlzeiten. Es reicht aus, wenn der Hund in diesem Alter seine letzte Mahlzeit gegen 20.00 Uhr erhält. Die Nächte werden dann ruhiger, weil der Hund abends noch ausgiebig Zeit hat, seinen Darm und die Blase zu entleeren. Vor Erreichen dieses Alters kann er eine so lange Zeit ohne Futter nur schlecht überstehen. Mit ca. sechs Monaten kann der junge Hund dann mit zwei Mahlzeiten pro Tag auskommen, wobei wiederum die Tagesration nach und nach entsprechend dem Bedarf des Hundes gesteigert wird.

Bei zwei Mahlzeiten pro Tag bleibt es dann; die gesamte Futtermenge auf einmal zu geben, ist auch für den erwachsenen Hund nicht gesund: der Magen wird überladen, und eine lebensbedrohliche Magendrehung könnte die Folge sein.

▶ Die Fütterungszeit

Mit der Zeit sollte man auch dazu übergehen, die Mahlzeiten nicht immer um genau die gleiche Uhrzeit anzubieten. Ein Hund hat eine innere Uhr und es könnte sehr lästig werden, wenn man auch am Wochenende immer um 7.00 Uhr morgens füttern muß, weil unser Freund bellend in der Küche steht und sein Frühstück einfordert. Manchmal hat man auch keine Möglichkeit, genau um 17.00 Uhr zu füttern. Es ist daher ratsam, den älteren Hund nicht immer zu festen Zeiten zu füttern, sondern mal eine oder zwei Stunden früher oder später.

> ### ▶ TIP
> *Wenn der Golden Retriever erwachsen ist, sollte man hin und wieder sogar einmal eine Mahlzeit ganz ausfallen lassen. Gerade wenn ein Hund dazu neigt, schnell zu dick zu werden, kann ein Fastentag sehr hilfreich sein. Selbstverständlich muß immer Trinkwasser zur Verfügung stehen.*

▶ Verdauungsstörungen

Bei Verdauungsstörungen wie Durchfall oder Erbrechen heißt die erste Maßnahme, den Magen und den Darm zu entlasten. Das bedeutet, daß man zumindest eine Mahlzeit ausfallen läßt; der erwachsene Hund fastet einen ganzen Tag lang, erhält aber Wasser zu trinken. Am nächsten Tag kann man dann langsam anfangen, wieder feste Nahrung zu geben. Zunächst heißt das Wundermittel bei Magen- und Darm-

▶ Täglicher Fütterungsplan

Alter	Mahlzeiten	Uhrzeit
bis 3 Monate	4	8, 13, 17, 22 Uhr
bis 6 Monate	3	8, 14, 20 Uhr
über 6 Monate	2	8, 17 Uhr

störungen Reis. Man kocht ihn in Salzwasser ab, die Kochflüssigkeit gießt man nicht weg, sondern füttert sie mit. Der Reis wird mit Hüttenkäse vermischt und vielleicht mit einem Eigelb. Am nächsten Tag kann man, wenn sich das Befinden bessert, ein paar Haferflocken und nach und nach vorsichtig auch wieder das gewohnte Futter unter den Reis mischen.

Selbstverständlich muß man sofort den Tierarzt aufsuchen, wenn der Hund auch sonstige Symptome, z.B. Fieber oder Mattigkeit, zeigt. Es könnte dann eine ernstere Ursache hinter der Verdauungsstörung stecken.

Für Welpen gilt generell: Wann immer Durchfall und Erbrechen zusammen auftreten, sofort den Tierarzt konsultieren! Der Flüssigkeitsverlust kann sehr schnell zu gravierenden gesundheitlichen Problemen führen.

Wenn der Hund sich über längere Zeit erbricht, könnte z.B. ein Fremdkörper im Darm stecken, auch hier ist also Vorsicht geboten. Ein »normaler« Durchfall jedoch, der nicht länger als ein oder zwei Tage anhält, muß nicht immer eine ernste Ursache haben und kann mit den oben beschriebenen Maßnahmen sehr gut therapiert werden.

▶ **Übergewicht**

Auch wenn der Golden Retriever zu dick ist, gilt Reis als das Mittel der Wahl. Wenn man über einen Zeitraum von etwa einer Woche die Hälfte der Mahlzeit durch Reis ersetzt, den man unter das Futter mischt, hat der Hund sicher schon einen Teil seines Übergewichts verloren.

Selbstverständlich sind auch »Leckerchen« Futter. Mancher Hund erhält über den Tag verteilt zusätzlich mindestens die Menge einer Mahlzeit in Form von Leckerchen.

> **TIP**
> *Machen Sie den Test: Legen Sie für jedes Leckerchen, das der Hund bekommt, das gleiche Leckerchen beiseite und sehen Sie am Abend nach, wie groß die Menge ist. Möglicherweise werden Sie erstaunt sein.*

Die meisten Hunde werden von normaler Ernährung allein nicht zu dick, sofern die Menge der Größe des Hundes angepaßt ist. In der Regel sind es die Kleinigkeiten zwischendurch, die sich auf der Taille niederschlagen.

Wenn der Hund erst einmal zuviel Gewicht hat, ist die logische Folge, daß er sich nicht mehr gern bewegt. Durch die zunehmende Trägheit setzt er immer mehr an und der Teufelskreis beginnt. Daß ein zu dicker Golden Retriever niemals gesund ist, brauche ich sicher nicht näher zu erläutern. Tun Sie Ihrem Hund das also nicht an! Zwar sind die meisten Hunde sehr verfressen, aber es ist eine Frage der Erzie-

▶ **Wenn der Golden zu dick ist...**

überprüfen Sie zunächst kritisch, was Ihr Hund alles frißt. Rechnen Sie die Leckereien, die er über den Tag verteilt erhält, zu den normalen Mahlzeiten hinzu. Sparen Sie jede Leckerei außerhalb der normalen Mahlzeiten ein! Für eine gewisse Zeit ersetzt man die Hälfte des normalen Futters durch gekochten Reis. Gönnen Sie ihrem Golden viel Bewegung, das hält nicht nur ihn fit.

hung, ob der Hund nach Futter bettelt. Er frißt »auf Vorrat«, schließlich weiß er nicht, ob er morgen wieder etwas bekommen wird. Aus diesem Grund wird er alles, was angeboten wird, auch annehmen.

▶ **Betteln**

Dinge, die wir Menschen essen, sind für den Verdauungsapparat des Hundes nicht immer gesund. Aus diesem Grund sollte man grundsätzlich darauf verzichten, den Hund mit Essensresten zu füttern. Ein Hund, der bei Tisch bettelt, ist nicht niedlich, sondern lästig. Und selbst wenn man sich von einem kläffenden, sabbernden Vierbeiner bei Tisch nicht belästigt fühlt, möglicherweise will man den Kameraden ja mal in ein Restaurant mitnehmen oder Gäste empfangen, die selbst keinen Hund haben oder bettelnde Hunde nicht mögen. Unter dem Strich tut man dem Hund mit der Fütterei bei Tisch keinen Gefallen. Wenn er nie erlebt hat, daß vom Tisch etwas herunterfällt, wird er es auch nicht einfordern.

Das gleiche gilt für die Vorbereitung der Mahlzeiten in der Küche: Der Hund lernt schnell, bestimmte Geräusche in der Küche einzuordnen: wenn er ein paarmal etwas aus dem Kühlschrank bekommen hat, wird er sofort, selbst aus dem tiefsten Schlaf heraus, in die Küche gerannt kommen, wenn er das Klicken der Kühlschranktür hört. Es ist wirklich erstaunlich, wie viele Hunde sofort kommen, wenn man den Kühlschrank öffnet oder sonstige Geräusche in der Küche produziert. Auf die Hundepfeife oder ein Kommando zu reagieren, scheint für viele Hunde ungleich schwieriger zu sein. Das läßt aber sicher nicht auf mangelnde Intelligenz des Hundes schließen, sondern eher darauf, daß er von seinem Besitzer auf das Komm-Kommando nicht gut konditioniert worden ist.

▶ **Leckerbissen und Kauartikel**

Hin und wieder kann es nützlich sein, besondere Leckerbissen zu haben, die es selbstverständlich nicht jeden Tag geben darf. Vielleicht muß man dem Hund einmal Medikamente eingeben, z.B. Tabletten. Mit einem Stück Käse (selbstverständlich nicht bei Tisch, sondern an dem Platz, wo normalerweise gefüttert wird) nimmt fast jeder Hund auch Tabletten ein. Man kann das kleine Ding auch in ein wenig Kalbsleberwurst einhüllen, mit einem Happs ist es dann weg und der Hund hat es nicht einmal gemerkt.

Auch für besondere Leistungen, z.B. bei der Erziehung, kann die Bestechung mit einem Leckerchen sehr hilfreich sein. Hierzu eignen sich fast alle handelsüblichen kleinen Hundesnacks.

> ▶ **TIP**
>
> *Auch Kauartikel, mit denen sich der Hund etwas länger beschäftigen kann, gibt es in großer Anzahl. Beliebt sind z.B. Büffelhautknochen oder andere größere Leckereien, die nicht mit einem Mal verschluckt werden können. Auch hier sollte man aber darauf achten, daß der Hund nicht Unmengen vertilgt.*

Gerade ein junger Hund kaut mit Vorliebe an irgend etwas herum. Während des Zahnwechsels, der etwa mit vier bis fünf Monaten stattfindet, ist dieses Verlangen besonders groß. Man sollte hier Alternativen zu Stuhlbeinen und anderen Möbelstücken anbieten. Geeignet ist z.B. auch ein Markknochen. Man kocht ihn und entfernt das Knochenmark, damit der junge Hund von dieser fettigen Substanz keinen Durchfall bekommt. Ein erwachsener Golden kann den Knochen auch mit dem Mark bekommen. Wichtig ist, daß der Knochen groß genug ist, damit er nicht im Ganzen verschluckt werden kann. Das Loch in der Mitte, wo das Mark enthalten war, darf nicht so groß sein, daß der Unterkiefer des Hundes darin steckenbleiben könnte. Knochen sind allerdings nur dann geeignet, wenn der Hund sie nicht auffressen kann (Verletzungen in Fang und Darm könnten die Folge sein). Der Beinknochen eines Rindes ist in der Regel so hart, daß keine Stücke abgebissen werden können.

▶ Wasser

Es versteht sich von selbst, daß für den Golden Retriever immer frisches Trinkwasser zur Verfügung stehen muß. Gerade im Sommer ist der Flüssigkeitsbe-

▶ Füttern verboten!

☐ Essensreste und Abfälle

☐ gewürzte Speisen und Soßen

☐ Süßigkeiten jeder Art, Schlagsahne, Eiscreme, Kuchen, Schokolade usw.

☐ Knochen, die vom Hund aufgefressen werden können

☐ niemals rohes Schweinefleisch, auch nicht das kleinste Stückchen Mettwurst oder roher Schinken

darf nicht allein über das Futter zu befriedigen. Im Winter kann es jedoch sein, daß der Hund kein zusätzliches Wasser aufnimmt, wenn das Futter genügend Feuchtigkeit enthält. Man sollte sich also keine Sorgen machen, wenn er weniger trinkt.

▶ Hygiene

Futter- und Wassernapf werden regelmäßig gereinigt, Futterreste entfernt. Auch im Hundefutter vermehren sich Bakterien, die dem Hund schaden können. Das Futter sollte daher nicht den ganzen Tag über stehenbleiben. Wenn der Hund die angebotene Mahlzeit nicht zügig auffrißt, nimmt man den Napf weg und bietet zur nächsten Mahlzeit erneut etwas an. Wenn der Hund gelernt hat, daß sein Futter den ganzen Tag über erreichbar ist, wird er entweder zuviel fressen oder sein Leben lang herummäkeln und nur gelegentlich ein Häppchen zu sich nehmen. (Das widerspricht allerdings dem eigentlichen Freßverhalten des Hundes. Im Rudel würde die Beute sofort von den anderen Rudelmitgliedern vertilgt.)

Ein Golden Retriever, der schlecht frißt, kann eine Plage werden. Auch die besten Tricks, wie z.B. das Füttern aus der Hand, führen nicht dazu, daß er lernt, seine Nahrung zügig aufzunehmen, im Gegenteil. Man darf auch nicht in den Glauben verfallen, daß ständig die Futtersorte oder andere Zusätze gewechselt werden müssen. Der Hund ist kein Feinschmecker, er frißt, weil er Hunger hat und am Leben bleiben will, und nicht wie wir, weil man auf ein bestimmtes Menue Lust hat. Wenn er einmal eine Mahlzeit ausläßt, lassen Sie ihn ruhig, er wird seine Gründe dafür haben.

Richtige Pflege

Richtige Pflege

▶ Fellpflege

In puncto Körperpflege ist der Golden Retriever wirklich ein »pflegeleichter« Hund. Die Struktur seines Fells macht es möglich: das Haar ist mittellang und hat eine dichte, wasserabweisende Unterwolle. Zudem ist der Golden Retriever ein sehr wasserfreudiger Hund. Dadurch wird er ohnehin bei jedem Spaziergang, der die Gelegenheit bietet, ein Bad nehmen, das als Körperpflege ausreicht.

Badezusätze, Shampoos oder ähnliches sind nicht nur nicht notwendig, sondern eher schädlich als nützlich. Durch Seife, egal in welcher Form, wird dem Fell die natürliche Fettschicht entzogen. Der Fettgehalt des Fells schützt sowohl das Haar als auch die Haut des Hundes nicht nur vor Nässe und Kälte, sondern auch vor Schmutz. Wenn man einen Golden Retriever intensiv streichelt, werden die Hände von einem grauen, fettigen Belag überzogen. Das Fell ist nämlich immer fettig, und das ist normal und sinnvoll. Wenn der Hund bei einem Spaziergang schmutzig wird, verhindert dies, daß die Schmutzpartikel in das Haar eindringen. Nach dem Trocknen kann man den Teil des Schmutzes, der nicht bereits von selbst herausgefallen ist, einfach ausbürsten.

Durch übertrieben häufiges Shampoonieren wird das Haar stumpf und glanzlos, und der ganze Hund sieht struppig aus. Die Shampoowäsche wird dann in immer kürzeren Abständen notwendig, weil der Hund irgendwann nur noch dann gut aussieht, wenn er frisch gebadet ist. Die Unterwolle verfilzt, das Fell kann nicht mehr gut gekämmt werden. Schließlich ist auch noch eine Spülung erforderlich, die das Kämmen erst wieder möglich macht.

So viel Chemie auf der Haut führt dann leicht zu Überempfindlichkeitsreaktionen, die sich in Form von Juckreiz oder trockener, schuppiger Haut äußern können. Notwendige Bakterien, die auf einer gesunden Haut leben, werden abgetötet. Das führt wiederum dazu, daß die Haut ihr natürliches Gleichgewicht verliert und z.B. Pilzinfektionen möglich werden, die durch die notwendigen Bakterien verhindert worden wären. Auch allergische Reaktionen sind nicht selten.

Das Fell eines gesund ernährten, gepflegten Hundes wird nicht durch die Verwendung von Spezialshampoos schöner. Schlechte Ernährung oder Stoffwechselstörungen kann man nicht durch den Einsatz von Haarpflegemitteln überdecken.

Gerüche, die von der menschlichen Nase als angenehm empfunden wer-

den, sind einem Hund nur lästig. Das
führt dazu, daß ein frisch gebadeter
Hund in der Regel jede sich bietende
Gelegenheit nutzt, um sich irgendwo
zu wälzen. Meist sucht er sich hierfür
eine Stelle aus, die nach Aas oder Kot
riecht, das sind nämlich die Gerüche,
die er als angenehm empfindet.

Der Eigengeruch eines Hundes ist
charakteristisch und spielt u.a. für das
Revierverhalten eine große Rolle.

Man sollte einem Hund also keinen
fremden Duftstoff aufzwingen. Es
reicht völlig, wenn nach einem Spaziergang mit klarem Wasser der gröbste
Schmutz abgewaschen wird. Wenn der
Spaziergang an einem See oder Bach
endet, wird der Golden Retriever sein
Bad sicher selbst nehmen und kommt
auf diese Weise wenigstens nur naß zu
Hause an.

Zum Trocknen sollte der Hund
nicht auf zu kaltem Boden liegen. Eine
Decke oder ein sog. Vetbed sind eine
gute Unterlage.

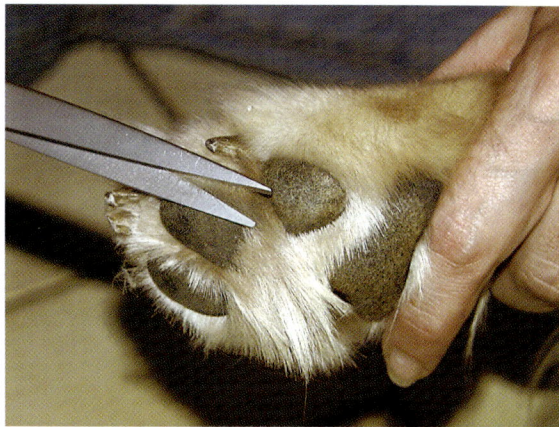

Alle Haare, die über die Ballen hinausragen, werden abgeschnitten.

▶ **TIP**

*Ein Vetbed ist eine Art »Kunstfell«,
daß die Nässe nach unten durch-
läßt. Der Hund liegt auf der weichen Oberfläche trocken und man
kann es sogar in der Waschmaschi-
ne bei 95 °C waschen.*

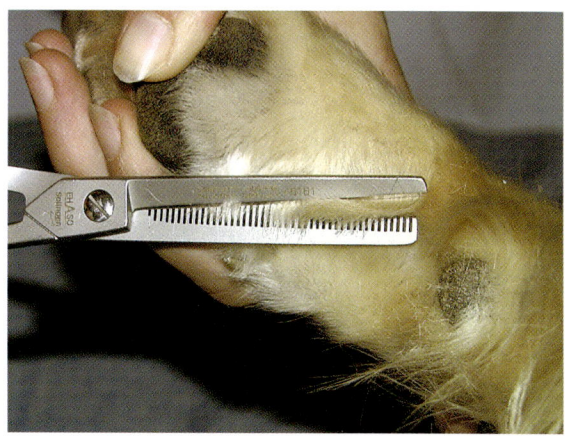

**Bis zum kleinen Ballen an der Hinterseite
des Vorderlaufes werden die Haare mit einer
Effilierschere gekürzt.**

Wenn man möchte, kann man den
Hund, nachdem er trocken ist, noch
bürsten. Normalerweise reicht es aber
aus, wenn ein Golden Retriever einmal
in der Woche gründlich gebürstet wird.
Ist er jedoch im Haarwechsel, sollte
man ihn in diesen zwei, drei Wochen
täglich oder zumindest jeden zweiten
Tag bürsten. So wird das tote Haar entfernt, das beim Haarwechsel ohnehin
ausfällt und sonst in der ganzen Wohnung verteilt wird. Wenn der Haarwechsel aufhört, also beim Bürsten weniger Haare ausgehen, sollte man auch
die Häufigkeit des Bürstens reduzie-
ren. Durch die Bürstenmassage wird
sonst die Hautdurchblutung angeregt,
was dazu führt, daß immer mehr Haar

abgestoßen wird. Man hat also den Eindruck, daß bei zu häufigem Bürsten immer mehr Haare ausgehen und der Haarwechsel gar kein Ende nehmen will.

Außerhalb des zweimal jährlich stattfindenden Haarwechsels reicht es durchaus, wenn der Hund ca. einmal pro Woche gebürstet wird.

TIP

Wichtig ist, daß nicht nur das obere Fell durchgekämmt wird, sondern auch die Unterwolle, damit sie nicht verfilzen kann. Die Bürste soll also so beschaffen sein, daß man damit auch bis in die unteren Fellschichten durchdringen kann. Gut geeignet ist auch ein Kamm. Beides darf nicht scharfkantig sein, damit man die Haut des Hundes nicht verletzt.

Die meisten Hunde genießen die Fellpflege, weil jeder Bürstenstrich wie eine Streicheleinheit empfunden wird. Bei jungen Hunden fehlt es oft an der nötigen Geduld, um stillzuhalten.

Trotzdem sollte man darauf bestehen, daß der Hund diese Prozedur über sich ergehen läßt. Das fördert die Unterordnungsbereitschaft, und mit der Fellpflege läßt sich gut die Gehorsamsübung »Steh« verbinden. Man kann die Gelegenheit nutzen, den Hund nach Hautverletzungen und Parasiten abzusuchen und z.B. Zecken entfernen.

TRIMMEN ▶ Die »kosmetische« Korrektur des Fells ist beim Golden Retriever zwar nicht zwingend erforderlich, der Hund sieht aber wesentlich gepflegter aus, wenn er regelmäßig getrimmt wird. Mit ein wenig Übung kann man das leicht selber machen. Das korrekte Trimming sollte man sich aber in jedem Fall vom Züchter oder einem anderen erfahrenen Retrieverbesitzer zeigen lassen.

Als Werkzeug benötigt man eine gute Haarschneideschere, möglichst mit abgerundeten Spitzen, damit man den Hund nicht verletzt. Außerdem ist eine Effilierschere erforderlich, mit der man zu dichtes Fell ausdünnen kann. Die Effilierschere ist das wichtigste Utensil, man kann sie so benutzen, daß man gar nicht sieht, daß etwas abgeschnitten wurde. Und so soll es auch sein: Man sollte dem Hund nicht ansehen, daß er gerade frisiert wurde.

Das Trimming beginnt schon beim jungen Hund. Wenn das Welpenfell ausgefallen ist und die Befederung an der Rute zu wachsen beginnt, bildet sich meist eine Locke am Rutenende. Dadurch wirkt die Rute meist sehr lang. Man faßt also die Rute zwischen Daumen und Zeigefinger und fährt bis zum Rutenende. Dies hält man so fest, daß die Finger noch über das letzte Rutenglied hinausragen, die überstehenden Haare schneidet man ca. 0,5 cm hinter dem Rutenende ab (Bild 1). Solange die Befederung an der Rute noch nicht nach unten hängt, reicht diese Korrektur aus.

Beim erwachsenen Hund faßt man die Rute zunächst horizontal. Dabei liegt der Daumen oben auf der Rute auf, die übrigen Finger der Hand liegen unter der Rute. Man fährt bis zum Rutenende und schneidet die überstehenden Haare ca. 0,5 cm hinter dem Rutenende in Form eines Halbkreises ab (Bild 2). Anschließend hält man sie am hinteren Ende fest und schneidet die Haare von der Spitze bis hin zum Körper des Hundes in einem schön geschwungenen Bogen (Bild 3). Auf die Befederung der Rute ist ein Retrieverbesitzer besonders stolz. Man kürzt die Haare daher nur so weit, wie es unbedingt nötig ist. Die Rute sollte nicht ausgefranst wirken, die Länge und der Schwung des Bogens werden durch das im Halbkreis beschnittene Rutenende vorgegeben.

TIP

Auch die Pfoten des Golden Retriever werden getrimmt, damit sie möglichst rund aussehen. Die Haare, die zwischen den Ballen herauswachsen, führen sonst außerdem dazu, daß der Hund auf glattem Boden weniger sicheren Halt beim Laufen hat. Außerdem schleppt der Hund dann viel mehr Schmutz mit ins Haus.

Man schneidet zunächst alle Haare ab, die zwischen den Ballen herauswachsen. Am besten legt man dazu den Hund auf die Seite. Die meisten Retriever sind unter den Füßen kitzlig. Es braucht also eine gewisse Übung, bis der Hund bei dieser Prozedur stillhält.

Damit die Pfoten rund aussehen wie Katzenpfoten, schneidet man auch an den Außenseiten der Pfoten alle Haare ab, die über die Ballen hinausragen. Alle Korrekturen führt man ausschließlich von der Unterseite der Pfoten aus. An den Vorderpfoten schneidet man außerdem das Haar zwischen der Pfote selbst und dem kleinen Ballen an der Hinterseite des Vorderlaufes kurz. Hierzu benutzt man am besten die Effilierschere. Die Befederung der Vorderläufe wird auf keinen Fall angetastet. An den Hinterläufen wird das Haar von der Pfote bis hoch zum Sprung-

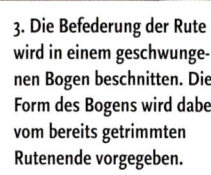

3. Die Befederung der Rute wird in einem geschwungenen Bogen beschnitten. Die Form des Bogens wird dabei vom bereits getrimmten Rutenende vorgegeben.

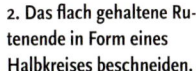

2. Das flach gehaltene Rutenende in Form eines Halbkreises beschneiden.

1. Ca. 0,5 cm hinter dem Rutenende die Haare gerade abschneiden.

gelenk ebenfalls mit der Effilierschere gekürzt.

Bei vielen Golden Retrievern muß auch die Wamme, also die Unterseite des Halses, getrimmt werden. Dazu dünnt man mit der Effilierschere die Haare aus. Betroffen von der Korrektur ist die dreieckige Partie, die sich zwischen den beiden gedachten Linien vom rechten und linken Ohr bis zum Brustbein befindet. Dabei werden auch die Haare gekürzt, die unter den Ohren gegenläufig zusammenwachsen. Durch diese Korrektur wirkt der Hals länger und schlanker.

Die Ohren selbst werden von der Unterseite her so getrimmt, daß die überstehenden Haare entlang des Ohres abgeschnitten werden. Ein auf diese Weise getrimmter Hund wirkt gepflegt, das Trimming unterstützt den harmonischen Körperbau und das gesamte Erscheinungsbild des Golden Retrievers.

▶ Krallenpflege

Wenn die Krallen sehr lang sind, kann es erforderlich sein, sie zu schneiden. Die bessere Alternative ist allerdings viel Bewegung auf festem Boden, z.B. auf einem gepflasterten Bürgersteig. Die Krallen werden dabei von selbst abgenutzt und so in der richtigen Länge gehalten. Wenn man die Krallen häufig schneidet, wachsen sie immer schneller nach.

Achtung: Bis weit nach vorn in die Kralle hinein reichen Blutgefäße und Nerven. Es kann daher sehr schmerzhaft für den Hund sein, wenn die Krallen zu kurz geschnitten werden. Hat der Hund ein sehr gutes Pigment, sind die Krallen möglicherweise bis nach vorn schwarz und man kann nicht sehen, wie weit der Nerv reicht. Daher immer nur ganz wenig entfernen! Bei Hunden mit hellen Krallen hat man es etwas leichter.

Traut man sich diese »Fußpflege« nicht zu, kann auch der Tierarzt die Krallen kürzen. Will man selbst Hand anlegen, sollte man auf jeden Fall eine Krallenzange benutzen, die die Kralle nicht seitlich zusammenquetscht, sondern von unten her abschneidet: die Kralle wird dabei durch ein Loch in der Zange gesteckt.

▶ Augenpflege

Am inneren Augenwinkel eventuell austretendes Sekret wird regelmäßig mit einem feuchten Papiertuch entfernt. Hat der Hund eitrigen Ausfluß im Auge, ist möglicherweise sogar die Bindehaut geschwollen und rot, kann eine Bindehautentzündung vorliegen. In diesem Fall sollte man den Tierarzt aufsuchen.

▶ Ohrenpflege

Die Ohren des Hundes sollten regelmäßig kontrolliert werden. Durch das Buddeln in Mäuselöchern kann z.B. Schmutz in das Ohr eindringen. Ge-

Die Krallenzange sollte so beschaffen sein, daß sie die Kralle nicht seitlich zusammenquetscht.

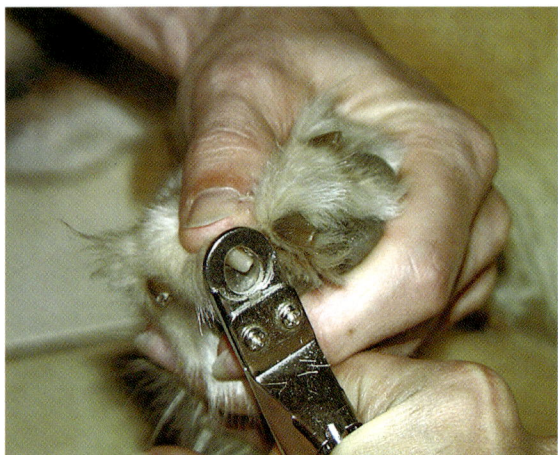

nau wie bei uns Menschen sondert die Haut im Ohr fettige Substanzen ab, die auch die Aufgabe haben, das Ohr zu schützen. Findet man aber im Inneren des Ohres einen braunen Belag, muß man die Ohren säubern. Zu diesem Zweck stehen Lotionen zur Verfügung, die man beim Tierarzt oder im Zoofachhandel kaufen kann. Diese Lotionen träufelt man in das Ohr und massiert den Gehörgang von außen. Die Lotion löst den fettigen Schmutz, und der Hund schüttelt sich die gelösten Schmutzpartikel heraus. Diese Prozedur ist den meisten Hunden jedoch sehr unangenehm. Wasser im Ohr zu haben, ist auch für einen Hund kein Vergnügen.

▶ **TIP**

Man kann die Ohren auch reinigen, indem man ein mit Salatöl befeuchtetes Papiertuch um den Zeigefinger wickelt und damit die Innenseite des Ohres auswischt. Das Trommelfell des Hundes sitzt ziemlich tief, die Gefahr, den Hund zu verletzen, besteht kaum. Wattestäbchen sollte man aber auf keinen Fall verwenden! Außerdem sollte man darauf achten, daß der Schmutz nicht noch tiefer in den Gehörgang hineingeschoben wird.

Regelmäßiges Reinigen der Ohren, z.B. wöchentlich, ist nicht anzuraten. Viel besser ist es, die Ohren regelmäßig zu kontrollieren und nur bei Bedarf zu reinigen. Sind die Ohren aber entzündet und riechen sehr stark, kratzt sich der Hund auffällig oft am Hals und an den Ohren selbst, könnten Ohrmilben die Ursache sein. Entzün-

dungen der Ohren sind für den Hund äußerst schmerzhaft. Die Ohren sind häufig berührungsempfindlich, manchmal sogar heiß. Eine Ohrentzündung kann sogar dazu führen, daß der Hund mit schief gehaltenem Kopf umherläuft oder sich mit dem Ohr über den Boden schiebt. In diesem Fall ist ein Besuch beim Tierarzt unumgänglich.

▶ **Gebißpflege**

Die Pflege der Zähne erschöpft sich im Grunde darin, daß man dem Hund hin und wieder etwas zum Kauen gibt. Hier bieten sich harte Hundekuchen oder Kalbsknochen an. Bei Kalbsknochen muß man jedoch unbedingt darauf achten, daß der Hund keine Stücke abbeißen und verschlucken kann, das kann nämlich zum Darmverschluß führen. Oft haben Hunde nach dem Fressen von Knochen extrem harten, manchmal fast weißen Stuhlgang. Das ist dem Hund sehr unangenehm und kann beim Kotabsetzen Schmerzen verursachen. Am besten sind also Knochen, die der Hund nicht zerbeißen kann. Zur Pflege der Zähne reicht es

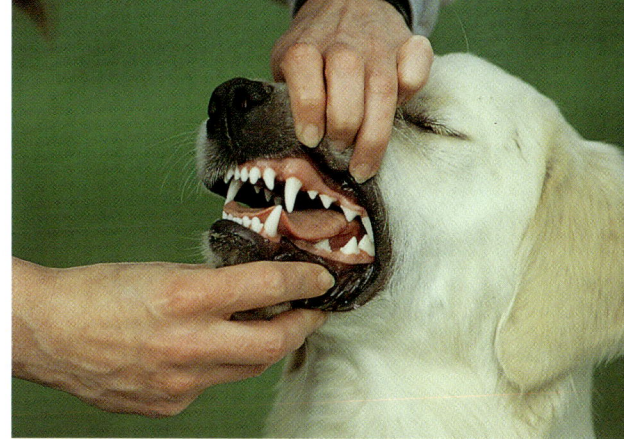

Das Gebiß wird regelmäßig kontrolliert. Diese Übung, wie auch das Trimmen, fördert außerdem die Unterordnungsbereitschaft des Hundes.

aus, wenn der Hund auf dem Knochen nur herumkaut ohne ihn aufzufressen. Auch harter Hundekuchen oder getrocknetes Brot sind sehr hart und daher gut geeignet, die Zähne des Hundes zu pflegen. Selbstverständlich darf das Brot nicht verschimmelt sein.

Manche Hunde neigen zu starker Zahnsteinbildung. Das kann den Zahnschmelz angreifen und zu schlechtem Mundgeruch führen. In diesem Fall kann nur der Tierarzt helfen. Er entfernt den Zahnstein in Narkose mit Hilfe eines Ultraschallgerätes.

▶ **Hygiene**

Neben der Pflege des Hundes selbst ist auch die Sauberkeit der unmittelbaren Umgebung wichtig. Selbstverständlich müssen die Näpfe für Futter und Wasser saubergehalten werden (täglich mit Geschirrspülmittel reinigen und mit klarem Wasser nachspülen).

Auch der Schlafplatz muß regelmäßig gereinigt werden. Waschbare Decken oder ein Vetbed erleichtern hier die Arbeit. Am besten wäscht man die Unterlage einmal wöchentlich bei höheren Temperaturen. Liegt der Hund auf einem Kissen, sollte zumindest der Bezug gewaschen werden können. Sofern der Hund den Garten auch als Toilette benutzt, ist es wichtig, die Hinterlassenschaften täglich zu entfernen. Hunde mögen es nicht, in ihren eigenen Exkrementen herumlaufen zu müssen.

Eine gepflegte Umgebung ist für die Gesundheit des Hundes wichtig. Parasiten vermehren sich gern in schmutziger, feuchter Umgebung. Durch die aufgeführten Hygienemaßnahmen kann man dazu beitragen, daß der Hund gesund bleibt.

▶ **Pflegekalender**

Täglich

⌐   Augen kontrollieren

⌐   Futter- und Wassernapf säubern

Wöchentlich

⌐   Das Fell bürsten und kämmen (im Haarwechsel täglich), dabei auf Zecken oder Hautveränderungen achten

⌐   Ohren kontrollieren

⌐   Unterlage auf dem Schlafplatz reinigen

vierteljährlich

⌐   Pfoten, Rute und Wamme trimmen und ggf. Krallen schneiden

Rundum gesund

Rundum gesund

Auch bei der Gesundheit unserer Golden Retriever gilt: Vorbeugen ist besser als heilen. Wichtigste Voraussetzung für das Gesundbleiben ist, ebenso wie bei den Menschen, eine ausgewogene Ernährung. Lebt man in engem Kontakt zu seinem Golden, wird man schnell feststellen, wenn mit ihm etwas nicht stimmt. Man sieht ihm nämlich an, ob er sich wohlfühlt. Die Struktur und Beschaffenheit des Fells, die Körperhaltung und der Ausdruck des Hundes verraten viel über sein Wohlbefinden.

Allzugroße Sorglosigkeit ist hier genauso schädlich wie das ängstliche Beobachten des Hundes, ständig auf der Suche nach irgendwelchen Anzeichen für eine Erkrankung. Solange der Hund mit Appetit das ihm angebotene Futter verspeist, ohne große Überredungskünste für einen Spaziergang oder ein Spiel zu begeistern ist und aktiv am Leben seiner Besitzer teilnimmt, ist erst einmal alles in Ordnung. Damit das auch so bleibt, muß man allerdings einige wenige Vorsorgemaßnahmen ergreifen.

▶ Gesundheits-Check

☐ Der tägliche Umgang mit dem Hund reicht aus, um Krankheitssymptome zu erkennen.

☐ Ein trauriger, apathischer Ausdruck des Hundes ist ein erstes Warnsignal.

☐ Futterverweigerung länger als einen Tag sollte man ernst nehmen.

☐ Fieber oder Teilnahmslosigkeit sind ernstzunehmende Signale.

☐ Ausfluß aus der Scheide der Hündin außerhalb der Läufigkeit ist immer ein Grund, den Tierarzt aufzusuchen.

☐ Lahmheiten vorn oder hinten mahnen zumindest dazu, den Hund körperlich zu schonen.

☐ Durchfall oder Erbrechen erfordern eine Diät und bei längerer Dauer den Besuch beim Tierarzt.

▶ Impfungen

Zunächst ist hier die regelmäßige Impfung des Hundes zu nennen. Die fünf wichtigsten Impfungen sind die gegen Tollwut, Staupe, Hepatitis, Leptospirose und Parvovirose. Wenn man den Welpen beim Züchter abholt, ist er gegen diese Krankheiten bereits grundimmunisiert. Die Tollwutschutzimpfung kann man jedoch frühestens mit zwölf Wochen geben, hier besteht also noch kein Impfschutz. Auch die Grundimmunisierung gegen Staupe, Hepatitis, Leptospirose und Parvovirose ist keine endgültige Sicherheit gegen die Infektion mit diesen Erkrankungen. Erst nach der Wiederholungsimpfung im Alter von zwölf Wochen, die man dann zusammen mit der Impfung gegen Tollwut durchführen lassen kann, ist der Welpe einigermaßen geschützt. Zu beachten ist dabei allerdings, daß der Impfschutz erst ca. vier Wochen nach der erfolgten Injektion aufgebaut ist. Bis zum Alter von 16 Wochen muß man also beim Welpen vorsichtig sein.

Der Impfschutz baut sich nach und nach ab, so daß Wiederholungsimpfungen das ganze Hundeleben lang erforderlich sind. Man impft den Hund daher jährlich gegen Tollwut, Lepto-

spirose und Parvovirose. Die Hersteller der Impfstoffe halten eine Wiederholungsimpfung für Staupe und Hepatitis im Abstand von zwei Jahren für ausreichend. In jüngster Vergangenheit sind jedoch hin und wieder Infektionen mit Staupe auch bei geimpften Hunden vorgekommen. Diese sogenannten Impfdurchbrüche sind leider nicht auszuschließen. Der Tierarzt wird gern Auskunft darüber geben, ob eine jährliche Impfung anzuraten ist.

Die regelmäßige Impfung des Golden ist aber auch für den Menschen wichtig. Schließlich können Infektions-

Wer in engem Kontakt mit seinem Golden lebt, wird Störungen seines Allgemeinbefindens sicher nicht übersehen.

Die regelmäßige Impfung ist auch für den Menschen wichtig – auch dann, wenn der Golden nicht so häufig Kontakt zu anderen Hunden hat.

▶ Impfkalender

Alter	Impfung gegen
8. Woche	Grundimmunisierung gegen Staupe, Hepatitis, Leptospirose, Parvovirose (SHL+P)
13. Woche	Wiederholungsimpfung gegen SHL+P; Erstimpfung gegen Tollwut
1 Jahr später	SHL+P, Tollwut
jährlich wiederholen	Parvovirose, Leptospirose, Tollwut
alle 2 Jahre wiederholen	Hepatitis, Staupe

Bereits über die Muttermilch können Würmer auf die Welpen übertragen werden – eine regelmäßige Entwurmung ist daher notwendig.

krankheiten des Hundes auch den Menschen krank machen. Die Impfung gegen Tollwut ist bei Reisen ins Ausland oder für die Teilnahme an Ausstellungen und Prüfungen grundsätzlich Pflicht.

TIP

Ein geimpfter Hund kann keine Viren übertragen und muß daher z.B. nach Kontakt mit tollwütigem Wild nicht getötet werden, wie es für nicht geimpfte Hunde gesetzlich vorgeschrieben ist.

Alle oben genannten Erkrankungen treten seuchenartig auf und verlaufen in den meisten Fällen tödlich. Eine Impfung schadet dem Hund nicht, Nebenwirkungen sind ausgesprochen selten. Manche Hunde sind am Tag nach der Impfung etwas schlapp, in seltenen Fällen kann Durchfall oder leichtes Fieber auftreten. Diese Impfreaktionen sind aber in der Regel nach wenigen Stunden wieder abgeklungen.

▶ **Entwurmen**

Die zweite wichtige Vorbeugemaßnahme ist das regelmäßige Entwurmen des Hundes. Zu diesem Zweck gibt es auf dem Markt viele Präparate. Der Tierarzt wird hier sicher Empfehlungen aussprechen. Im Normalfall dürfte es ausreichend sein, einen erwachsenen Hund zweimal pro Jahr zu entwurmen. Die Hersteller der Wurmpräparate halten es allerdings für erforderlich, den Hund häufiger zu entwurmen. Es ist wichtig zu wissen, daß es verschiedene Wurmarten gibt, die den Hund »heimsuchen« können; z.B. Spul- und Hakenwürmer, Peitschenwürmer, Bandwürmer usw. Die beim Hund am häufigsten anzutreffende Wurmart ist der Spulwurm. Einige Präparate wirken nur bei bestimmten Wurmarten. Andere wiederum sind bei allen Wurmarten wirksam.

Der Welpe wurde bereits beim Züchter mehrfach entwurmt. In der Säugezeit ist das Infektionsrisiko mit Würmern sehr hoch, weil die Welpen bereits über die Muttermilch die Larven der Würmer aufnehmen können. Wurmlarven können sich in der Gesäugeleiste der Hündin sehr lange halten. Ihre Entwicklung wird erst dann wieder in Gang gesetzt, wenn das Gesäuge durch die Milchproduktion stark durchblutet wird. Da man mit der Entwurmung nur die bereits voll entwickelten Würmer, die sich bereits im Verdauungstrakt des Hundes befinden, abtöten kann, unterbricht auch die regelmäßige Entwurmung der Mutterhündin den Infektionskreislauf der Welpen nicht. Der Züchter entwurmt die Welpen daher ab dem zehnten Lebenstag regelmäßig alle 10 bis 14 Tage, bis zur Abgabe. Die Entwurmung wiederholt der neue Besitzer dann in der 10. oder 11. Lebenswoche. Das hat auch den Vorteil, daß der Welpe zum Zeitpunkt der Wiederholungsimpfung mit 12 Wochen wurmfrei ist. Bei einem verwurmten Hund kann die Impfung ohne Wirkung bleiben.

TIP

Zunächst wendet man beim Welpen das Präparat an, das auch vom Züchter verwendet wurde. Damit ist schon einmal sichergestellt, daß der Welpe das Mittel auch verträgt.

Am Tag nach der Verabreichung des Wurmmittels kontrolliert man jeden vom Hund abgesetzten Kot. Tote Würmer werden mit ausgeschieden. Sie sind so groß, daß man sie ohne Schwierigkeiten mit bloßem Auge erkennen kann. Sind im Kot Würmer abgegangen, muß man die Entwurmung nach ca. 10 Tagen wiederholen, um auch die Würmer zu erwischen, die zum Zeitpunkt der ersten Entwurmung noch Larven waren.

Ist der Golden wurmfrei, reicht es aus, die nächste Entwurmung im Alter von ca. 6 Monaten vorzunehmen. Von diesem Zeitpunkt ab wird er dann alle sechs Monate entwurmt. Einmal pro Jahr sollte man dabei ein sogenanntes Breitbandmittel verwenden, das gegen alle Wurmarten wirksam ist.

Wenn man unsicher ist, kann man beim Tierarzt auch eine Kotprobe untersuchen lassen. Hier kann man zuverlässig feststellen, ob der Hund Würmer hat und eine Entwurmung erforderlich ist. Gerade wenn kleine Kinder im Haus sind, ist die regelmäßige Entwurmung des Hundes besonders wichtig. Würmer können nämlich durch intensiven Körperkontakt übertragen werden.

Krankheiten sind nicht nur vom Hund auf den Menschen übertragbar, sondern auch umgekehrt.

▶ Ektoparasiten

ZECKEN ▶ Sie leben überall und können im Gras oder an Büschen und Bäumen auf ihre Opfer lauern. Wenn der Golden durchs Gras streift oder beim Spaziergang Büsche berührt, auf denen gerade eine Zecke sitzt, kann diese auf den Hund gelangen. Eine Weile lang läuft die Zecke über das Fell, um den besten Platz für das Anpieken und Blutsaugen zu finden. Bei hellen Hunden wie den Golden Retrievern hat man gute Chancen, die Zecken abzulesen, bevor sie sich in der Haut festgebissen haben. Man sollte den Golden also nach dem Spaziergang nach Zecken absuchen. Am liebsten saugen sich die Zecken dort fest, wo es schön warm und die Haut des Hundes weich ist.

Nach einem Spaziergang im Wald oder auf einer Wiese könnte der Golden von Zecken befallen werden.

Die Zecke wird ganz vorn am Kopf gepackt und drehend mitsamt den Mundwerkzeugen herausgezogen.

Wenn die Zecke sich in der Haut des Hundes festgebissen hat, spritzt sie zunächst eine Substanz ein, die ihr das Blutsaugen erleichtert. Mit speziellen Werkzeugen am Kopf hält sie sich in der Haut des Hundes fest. So kann eine Zecke über mehrere Tage in der Haut des Hundes stecken, bis sie so vollgesogen ist, daß sich der Umfang ihres Körpers bis auf die Größe einer Erbse vergrößert hat.

Will man eine Zecke entfernen, ist es wichtig, sie herauszudrehen. Dadurch veranlaßt man das Tier loszulassen und die Gefahr, daß ein Teil der Zecke in der Haut steckenbleibt, wird so verringert.

▶ TIP

Gleichgültig ob man die Zecke mit einer Zeckenzange, die man in jedem Zoogeschäft kaufen kann, oder mit Daumen und Zeigefinger entfernt: es ist wichtig, daß man sie im Ganzen herauszieht. Wenn Teile der Zecke in der Haut des Hundes steckenbleiben, kann sich die Stelle entzünden.

Von der Methode, die Zecke vor dem Herausdrehen mit Öl oder Alkohol zu beträufeln, um sie zu ersticken, ist man inzwischen abgekommen. Die Zecke »spuckt« dann vor dem Ersticken ein Sekret, das viele Bakterien enthält. Das kann ebenfalls zu Entzündungen führen. Außerdem läßt sich eine tote Zecke keinesfalls leichter entfernen als eine lebendige.

Wenn man die Zecke nicht entfernt, fällt sie nach einiger Zeit, wenn sie vollgesogen ist, von selbst ab. Die Stelle, wo die Zecke gesessen hat, kann noch für einige Tage geschwollen bleiben, ähnlich wie bei einem Mückenstich. Das ist an sich nicht weiter schlimm, trotzdem sollte man Zecken immer entfernen; sie übertragen Krankheiten wie z.B. Borreliose. Inzwischen gibt es zwar einen Impfstoff, die Zahl der verschiedenen Erreger ist jedoch sehr hoch, so daß ein zuverlässiger Schutz auch durch die Impfung nicht gewährleistet ist.

FLÖHE ▶ Sie sind eine andere Spezies von »Untermietern«, die den Hund befallen können. Auch sie saugen das Blut ihres Wirtes, dabei beißen sie sich aber nicht auf Dauer fest. Sie bleiben im Fell des Hundes sitzen, bohren ihn von Zeit zu Zeit an und legen ihre Eier im Fell ab. Flöhe sind klein, ihr Körper ist seitlich zusammengedrückt und sie können sehr weit springen.

TIP

Häufig werden Hunde von Flöhen besiedelt, wenn sie Kontakt mit Igeln hatten. Igel tragen meist einen ganzen »Flohzirkus« mit sich umher, und wenn ein Hund auch nur im Abstand von zwei Metern an einem Igel vorbeiläuft, springen die Flöhe über. Ein Hund, der Flöhe hat, kratzt sich häufig. Im Bereich des Nackens sind kleine schwarze Kügelchen zu finden, die, wenn man sie mit einem angefeuchteten Finger über ein weißes Blatt Papier verreibt, rote Striche hinterlassen. Hierbei handelt es sich um Flohkot, der zum großen Teil aus Blut besteht. Wieder sind wir mit unseren hellen Hunden im Vorteil: Man sieht die Flöhe auch über das Fell laufen, zumeist am Kopf des Hundes.

Solange die Zahl der Flöhe, die man auf dem Hund findet, überschaubar ist, kann es ausreichen, sie abzulesen oder mit einem Flohkamm auszukämmen und zwischen den Fingernägeln zu zerquetschen. Manchmal hat der Hund tatsächlich nur einen oder zwei dieser kleinen Plagegeister erwischt. Ist es allerdings bereits so weit gekommen, daß die Flöhe beginnen, auf ihrem Wirt Eier abzulegen, sind härtere Geschütze gefragt. Beim Tierarzt gibt es Pulver oder Badezusätze, die die Flöhe töten. Man kann dem Hund auch eine ebenfalls beim Tierarzt erhältliche Flüssigkeit zwischen die Schulterblätter träufeln. Der Wirkstoff wird über die Haut aufgenommen und verteilt sich über den Blutkreislauf im gesamten Körper. Wenn der Floh dann Blut saugt, stirbt er an den aufgenommenen Giftstoffen. Alle diese Präparate wirken natürlich nur, weil sie giftige Substanzen enthalten und sind daher nicht ohne Nebenwirkungen. Alle aufgenommenen Gifte werden über die Leber und die Nieren ausgefiltert und belasten daher diese Organe.

Wenn nun aber der Hund tatsächlich von Flöhen befallen ist, muß man handeln. Dabei ist es besonders wichtig, auch die unmittelbare Umgebung des Hundes zu behandeln. Die Flöhe sitzen nämlich nicht nur auf dem Hund selbst, sondern z.B. auch auf der Decke, die er als Schlafplatz benutzt.

Vorbeugend kann man gegen Flöhe sicher etwas tun, die Verhältnismäßigkeit der Mittel sollte jedoch gewahrt bleiben. Es bringt nichts, mit Kanonen auf Flöhe zu schießen. Handelsübliche Flohhalsbänder belasten den Organismus des Hundes. Über die Schleimhäute der Nase und der Augen ist der Hund ständig den vom Halsband abgegebenen Giftstoffen ausgesetzt. Das Fell des Hundes hat einen merkwürdigen, fettigen Belag und der ganze Hund riecht ständig wie nach Mottenkugeln. Das ist nicht nur für den Hund sehr unangenehm. Man sollte also gründlich überlegen, ob man den Hund diesem Risiko aussetzt. Die Gefahr, von Flöhen heimgesucht zu werden, ist so groß nun auch wieder nicht und man kann immer noch reagieren, wenn es tatsächlich soweit ist und der Golden Retriever Flöhe hat.

TIP

Flöhe übertragen Bandwürmer. Nach einem Flohbefall muß daher immer eine Wurmkur durchgeführt werden.

MILBEN UND HAARLINGE ▶ Neben Flöhen und Zecken kann ein Hund auch noch von anderen Parasiten befallen werden. Zu nennen sind hier noch Milben und Haarlinge. Wann immer ein Hund sich also auffällig oft kratzt, wenn das Fell ausgeht und kahle Stellen zu finden sind, sollte man die Ursache dafür durch einen Tierarzt klären lassen. Ein gesunder Hund mit einem intakten Immunsystem kann jedoch mit diesen Parasiten fertig werden, ohne einen bleibenden Schaden davonzutragen.

Oft werden Hunde auch erst dann von diesen kleinen Plagegeistern befallen, wenn vorher irgend etwas mit ihrem Immunsystem nicht in Ord-

nung war. Man kann dem Hund unter Umständen mehr Schaden zufügen, wenn man in panischer Angst vor Parasiten das ganze Hundeleben lang die »chemische Keule« zur Vorbeugung einsetzt. Jedes dieser Mittel ist ein Giftstoff, mit dem der Hundekörper sich auseinandersetzen muß. Das kann unter Umständen bleibende Organschäden nach sich ziehen.

▶ Rassespezifische Erkrankungen

Der Golden Retriever ist an sich ein recht robuster Hund. Rassespezifische Krankheiten sind nicht in besonderer Häufigkeit anzutreffen. Wie viele andere Hunderassen auch, können jedoch auch Golden Retriever an bestimmten Krankheiten leiden.

HÜFTGELENKSDYSPLASIE (HD) ▶ Die wohl bekannteste Erkrankung ist die Hüftgelenksdysplasie (HD). Sie tritt bei jeder Hunderasse mehr oder weniger häufig auf, deren Körpergröße die eines Cocker Spaniels überschreitet. Die VDH-anerkannten Zuchtverbände versuchen durch ihre Zuchtbestimmun-

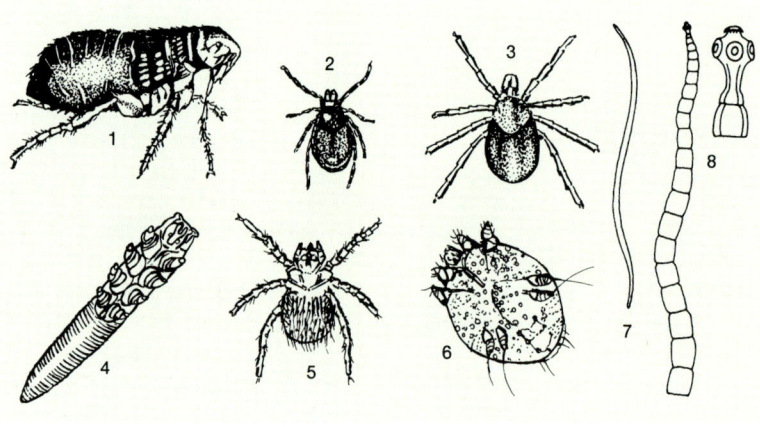

Ektoparasiten:
1 Hundefloh
2 Zeckenmännchen
3 Zeckenweibchen
4 Haarbalgmilbe
5 Herbstgrasmilbe
6 Grabmilbe

Endoparasiten:
7 Spulwurm
8 Bandwurm, Kopf
   im Detail

gen, das Risiko für diese Erkrankung so weit wie möglich zu minimieren (siehe auch im Zuchtkapitel, Seite 101).

Bisher konnte wissenschaftlich noch nicht endgültig geklärt werden, ob die HD hauptsächlich aufgrund einer genetischen Disposition auftritt oder ob die Ernährung und körperliche Belastung des Welpen und Junghundes hier die ausschlaggebenden Faktoren darstellen. Man vermutet, daß beide Faktoren eine wesentliche Rolle spielen. Ein Hund, der keine genetische Disposition für HD mitbringt, wird wahrscheinlich auch bei schlechter Aufzucht und falscher Ernährung diese Krankheit nicht ausbilden. Fakt ist aber auch, daß der Grad dieser Erkrankung wesentlich durch die Faktoren Ernährung und Bewegung beeinflußt wird.

Um den Grad dieser Erkrankung beim jeweiligen Hund definieren zu können, wurde eine Skala mit fünf Stufen entwickelt.

Die Stufen der HD

Stufe	Befund	Zucht erlaubt?
HD-A (1, 2)	HD-frei	ja
HD-B (1, 2)	HD-Verdacht	ja
HD-C (1, 2)	HD-leicht	mit Auflagen
HD-D (1, 2)	HD-mittel	nein
HD-E (1, 2)	HD-schwer	nein

Die Diagnose der HD findet mittels einer Röntgenaufnahme, die unter Narkose angefertigt wird, statt. Der Hund muß zu diesem Zeitpunkt mindestens 12 Monate alt sein. Die Aufnahme wird einem Gutachter vorgelegt, der für alle Golden Retriever in Deutschland die Auswertung und Einstufung entsprechend obiger Skala vornimmt. (Dies gilt für alle Golden Retriever, die in VDH-anerkannten Zuchtverbänden gezüchtet wurden.) Den Ausschlag für die Einstufung gibt dabei einmal die Form und Ausbildung der Hüftgelenkspfanne und des Oberschenkelkopfes, zum anderen wird betrachtet, ob der Gelenkspalt schön parallel ist und ob der Oberschenkelkopf genügend tief in der Gelenkpfanne sitzt. Dann wird noch der Winkel ausgemessen, der sich von der Mitte des Oberschenkelkopfes zum Rand der Gelenkpfanne ergibt. Evtl. schon sichtbare arthritische Veränderungen beeinflussen den Befund negativ.

Die Beurteilung wird sehr streng vorgenommen, kleinste Abweichungen vom Idealzustand schlagen sich bereits im Befund nieder. Das ist gut und sinnvoll, schließlich geht es hierbei um ein Zuchtzulassungskriterium. Alle Hunde, die mit HD-D oder HD-E eingestuft wurden, sind generell von der weiteren Verwendung zur Zucht ausgeschlossen. Hunde, deren HD-Befund HD-C ergibt, können nur mit der Auflage zur Zucht verwendet werden, mit einem mit HD-A oder HD-B eingestuften Hund verpaart zu werden. Die Unterteilung der Stufen jeweils in HD-A1, HD-A2, HD-B1, HD-B2 usw. stellt hierbei eine nochmalige Untergliederung dar. So hat ein Hund mit HD-A1 die bessere Hüfte als der mit HD-A2.

Der Sinn dieser Bestimmung liegt darin, daß man vermutet, daß ein Hund mit einer schlechten Hüfte auch vermehrt Nachkommen mit schlechten Hüften hat. Für den Hund selbst bedeutet z.B. der Befund HD-C zunächst nichts Schlimmes. Man kann sicher sein, daß ein Hund mit einer C-Hüfte in seinem Leben so gut wie keine Probleme haben wird. Selbst der Befund HD-E muß nicht heißen, daß der Hund irgendwann einmal nicht mehr beschwerdefrei laufen kann oder gar eingeschläfert werden muß. Für einen Hund mit einer E-Hüfte ist es allerdings wichtig, daß er vernünftig, also nicht im Übermaß, bewegt und ernährt wird.

TIP

Viele Zuchtverbände anderer Rassen haben die Unterteilung in fünf HD-Grade gar nicht. Hier gibt es nur HD-frei oder HD-nicht-frei. Die Grenze wird dann hinter der leichten HD gezogen, so daß hier ein Hund, der im Deutschen Retriever Club mit HD-C eingestuft wird, noch als HD-frei bezeichnet wird.

Was nun die züchterische Komponente betrifft, kann man nicht generell sagen, daß ein Hund mit einer C-Hüfte mehr Nachkommen mit schlechten Hüften hat als einer, der HD-frei ist. Nicht immer, wenn zwei Hunde mit dem Befund HD-A verpaart werden, werden nur HD-freie Nachkommen geboren. Wenn die Sache so einfach wäre, hätte sicher keine Rasse bzw. kein Zuchtverband Probleme mit dieser Erkrankung. Es ist daher sehr wichtig, nicht nur die Elterntiere eines Welpen selbst, sondern auch deren verwandtschaftliches Umfeld genauer zu betrachten, um Aussagen über das Risiko der HD-Vererbung treffen zu können. So hat beispielsweise ein Hund, der als einziger von fünf Geschwistern HD-frei ist, während alle anderen eine mittlere oder schwere HD haben, eine schlechtere Prognose für die Vererbung von HD als ein anderer, der als einziger von fünf Geschwistern eine C-Hüfte hat, während alle anderen aus dem Wurf HD-frei sind.

Je mehr Nachkommen eines Hundes auf HD untersucht sind, desto genauer ist die Vorhersage für ein mögliches genetisches Risiko für die Verer-

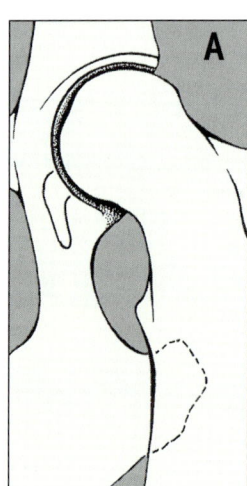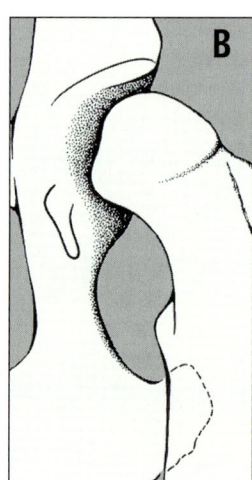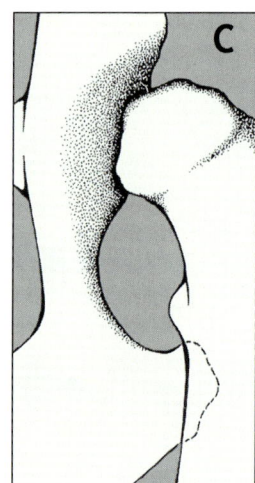

Hüftgelenks-
dysplasie
A normales Hüft-
gelenk
B mittlere HD
C schwere HD

bung von HD. Aus diesem Grund wird ein verantwortungsbewußter Züchter auch seine Welpenkäufer darauf drängen, ihren Hund untersuchen zu lassen. Nur so kann er eine Aussage darüber treffen, ob es Sinn macht, mit der Hündin weiter zu züchten oder den Rüden weiter zur Zucht einzusetzen.

Natürlich ist nicht nur ein Elternteil für die Vererbung von Krankheiten verantwortlich. Es gehören immer beide dazu. So kann es sein, daß eine Hündin mit einem ganz bestimmten Rüden viele Welpen mit schlechten Hüften hatte, während sie mit einem anderen Rüden kerngesunde Nachkommen gebracht hat. Selbstverständlich kann auch nicht ein Rüde allein für das Auftreten von HD verantwortlich gemacht werden.

Es ist also nicht leicht, Aussagen über das Risiko für HD-Vererbung zu machen. Wie so oft, ist man immer erst dann schlauer, wenn man die Ergebnisse tatsächlich vorliegen hat. Das trifft selbstverständlich auch für alle anderen vererbten Eigenschaften eines Hundes zu.

Auch die Ernährung des jungen Hundes und die Intensität der Bewegung spielen für die Ausprägung von HD eine wesentliche Rolle. Das Knochengerüst des Golden Retriever ist erst im Alter von 12 bis 15 Monaten voll entwickelt. Bis zu dieser Zeit wächst der Hund sehr schnell. Die Hauptwachstumsphase liegt zwischen dem 5. und 7. Lebensmonat. Das Längenwachstum des Knochens ist nur dadurch möglich, daß der Knochen sogenannte Wachstumsfugen hat. Diese Bereiche des Knochens sind noch so lange sehr weich, bis das Knochenwachstum endgültig abgeschlossen ist. Nach und nach schließen sich diese Wachstumsfugen, der Knochen härtet aus. Während der Wachstumsphase sind also die Knochen und Gelenke des Hundes sehr empfindlich. Größere Belastungen sind schädlich, daher sollte ein junger Hund nicht so viel bewegt werden. Nicht nur Treppensteigen und Springen belasten die Gelenke, sondern auch ausgedehnte Spaziergänge und intensives Toben mit anderen Hunden.

Es ist daher besonders wichtig, einen jungen Hund nicht täglich mehrere Kilometer laufen zu lassen. Beim Spiel mit anderen Hunden sollte man peinlich darauf achten, daß der Spielpartner die gleiche Gewichtsklasse hat. Junge Hunde überfordern sich, wenn man sie nicht bremst. Läßt man sie toben solange sie wollen, werden sie sich sicher zuviel zumuten.

Spaziergänge sind für einen jungen Hund ebenfalls eher schädlich. Der Golden wird seinem Besitzer zwar auch über längere Strecken bereitwillig folgen, das liegt aber daran, daß er bemüht ist, den Kontakt zu seinem Rudel zu halten. Mit einem Hund, der jünger ist als vier Monate, geht man am besten überhaupt nicht spazieren. Es reicht völlig aus, wenn man hin und wieder zu einer Wiese fährt, wo der Golden spielen und rennen kann. Man selbst bleibt dabei an einer Stelle stehen oder sitzen, so daß der Hund nicht animiert wird, einem zu folgen. Nur auf diese Weise ist gewährleistet, daß er sich auch ausruht, wenn er müde ist.

▶ **TIP**

Selbstverständlich sollte sich der junge Golden soviel bewegen dürfen, wie er möchte. Er sollte aber nicht bewegt werden.

Zuviel Bewegung, gerade im Junghundealter, ist schädlich. Die Gelenke werden zu stark belastet und Erkrankungen wie HD oder ED können die Folge sein.

Wenn der Golden dann mit etwa vier Monaten lernt, an der Leine zu gehen, kann man langsam anfangen, ihn auch auf kleinere Ausflüge mitzunehmen. Aber auch jetzt sollte man es nicht übertreiben. 10 bis 15 Minuten sind genug, der Hund rennt ohnehin die dreifache Strecke. In diesen 10 bis 15 Minuten sollte man selbst nicht strammen Schrittes wandern, sondern eher gemächlich schlendern. Es geht nicht darum, Kilometer zurückzulegen, sondern nur darum, den Hund auch mit verschiedenen Eindrücken zu konfrontieren.

Erst im Alter von einem Jahr sollte man dem Golden längere Spaziergänge zumuten oder ihn gar am Rad laufen lassen. Wenn die Gelenke des Hundes gesund sind, kann man ihn dann auch körperlich belasten. Solange man aber nicht durch eine Untersuchung festgestellt hat, ob die Gelenke des Hundes in Ordnung sind, sollte man ihn so behandeln, als bestünde hier ein Problem. Durch zu große Belastung könnte der Befund verschlimmert werden. Die Bildung von Arthrosen, die dem Hund dann später Schmerzen und Be-

wegungseinschränkungen verursachen können, geht meist mit Entzündungen im Gelenk einher. Arthrosebildung ist eine Schutzreaktion des Körpers. Durch die Auflagerung von Gewebe auf dem Gelenk wird die Beweglichkeit des Gelenks eingeschränkt. Das Gelenk wird dadurch gewissermaßen stabilisiert. Wenn die Entzündung schneller abheilt oder gar nicht erst auftritt, wird natürlich auch die Bildung von Arthrosen gehemmt. Für die Gesunderhaltung des Hundes ist es demnach extrem wichtig, das Entstehen von Entzündungen durch zuviel Bewegung zu vermeiden und so die Bildung von Arthrosen zu verhindern. Das gilt für Spaziergänge genauso wie für Springen, Treppensteigen und Toben mit anderen Hunden.

Es ist nicht notwendig, alle Aktivitäten mit dem Hund in das erste Lebensjahr zu packen. Man hat noch die nächsten 10 bis 15 Jahre genügend Zeit für Wanderungen. Auch wenn es sehr verlockend zu sein scheint, nach einem ausgiebigen Spaziergang einen müden kleinen Golden zu haben – unter dem Strich tut man der Gesundheit des Hundes nichts Gutes.

Nicht nur ein vernünftiges Maß an Bewegung, sondern auch eine angepaßte Ernährung wirken sich positiv auf die körperliche Entwicklung eines Hundes aus. Zunächst gilt es zu verhindern, daß der Hund zu schnell wächst. Ein Golden Retriever ist ein relativ kompakter Hund. Viel Gewicht lastet auf den Knochen und Gelenken. In der Regel wird ein Welpe nicht fett, er wächst nur zu schnell. Es ist aber wichtig, den Knochen genügend Zeit zur Entwicklung zu lassen. Man sollte also ein Futter verwenden, das einen möglichst geringen

Proteingehalt hat. 20 bis 25 % sind voll ausreichend, um einen heranwachsenden Golden Retriever gut zu ernähren. Zusatzpräparate wie Kalzium u.ä. sind nicht notwendig. Die handelsüblichen Futtersorten enthalten alle wichtigen Bestandteile in ausreichendem Maße. Bei zuviel Kalziumzufuhr härtet der Knochen zu schnell aus, das kann die Entwicklung des Gelenkes ebenfalls negativ beeinflussen.

ELLENBOGENDYSPLASIE (ED) ▶
Problematischer als HD ist die Fehlentwicklung des Ellenbogengelenkes. Zusammengefaßt werden die möglichen Krankheitsbilder unter dem Begriff Ellenbogendysplasie (ED). Auch die Einstufung der ED-Grade erfolgt nach einem fünfstufigen System.

▶ Die Stufen der ED

Stufe	Zucht erlaubt?
ED-frei oder normal	ja
ED-Grenzfall	ja
ED-Grad I	nur mit ED-frei oder Grenzfall
ED-Grad II	nein
ED-Grad III	nein

Hunde mit der Bewertung ED-Grad II und III sind von der Zucht ausgeschlossen. Hunde mit ED-Grad I werden nur mit der Auflage zur Zucht zugelassen, lediglich mit einem Partner verpaart zu werden, der ED-frei oder ED-Grenzfall hat.

Genau wie bei der HD geht man heute davon aus, daß sowohl die genetische Veranlagung als auch zu große körperliche Belastung und falsche Ernährung für den Grad der Ausprägung von ED verantwortlich sind.

Problematischer ist die ED deshalb, weil sie für den Hund wesentlich schmerzhafter ist als HD. Außerdem haben Hunde, die mit ED belastet sind, in der Regel bereits im jugendlichen Alter Probleme mit dieser Erkrankung. In diesem Alter ist der Bewegungsdrang des Hundes von Natur aus größer. Es fällt also schwerer, ihn ruhig und belastungsfrei zu halten. Bei der HD – mit Ausnahme der besonders schweren Fälle – treten Schmerzen und Bewegungseinschränkungen meist erst im Alter auf, wenn der Golden ohnehin nicht mehr so mobil ist.

In vielen Fällen beginnt ein mit ED belasteter Hund etwa ab dem fünften Lebensmonat zu humpeln. Diese Phasen sind oftmals recht lang. Oft sind alle Symptome plötzlich verschwunden, wenn das Knochenwachstum abgeschlossen ist. Das Humpeln äußert sich charakteristisch, wenn ED die Ursache ist. Nach Belastung, also nach einem Spaziergang oder nach dem Toben mit anderen Hunden, ruht der Hund. Nachdem er ausgeschlafen hat, lahmt er vorn bei den ersten Schritten meist sehr stark. Nach ein paar Metern wind das Humpeln besser, der Hund »läuft sich ein«. Wenn er durch einen weiteren Spaziergang oder das Spiel mit anderen Hunden abgelenkt wird, humpelt er meist nicht mehr. Nach der nächsten Ruhepause geht es dann wieder los.

Meist sind für den Schmerz Entzündungen der Knochenhaut im Gelenk verantwortlich. Sie können dazu führen, daß sich Arthrosen bilden und dadurch das Gelenk mehr und mehr versteift. Durch viel Bewegung wird die Entstehung von Entzündungen gefördert. Das Mittel der Wahl ist also, den Hund zu schonen.

Gerade im Alter von fünf bis sieben Monaten, in dem das Knochenwachstum am größten ist, ist der Hund besonders gefährdet. In diesem Stadium hat man häufig das Gefühl, bereits einen großen Hund zu haben und neigt daher leicht dazu, ihn zu überlasten. Selbstverständlich ist Treppensteigen und Springen genauso schädlich. Gerade treppab oder beim Herabspringen lastet das gesamte Gewicht auf dem Ellenbogengelenk. Dazu kommt noch der Schub, der aus dem Sprung heraus entsteht. Ein weiteres Problem besteht darin, daß Elle und Speiche unterschiedlich schnell wachsen. So kann es passieren, daß die Auflagefläche für den Oberarmknochen nur auf wenige Quadratmillimeter begrenzt ist. Daß in dieser Phase das Ellenbogengelenk besonders empfindlich ist, versteht sich von selbst.

Der Retrieverhalter hat also die verantwortungsvolle Aufgabe, abzuwägen und zu entscheiden, welches Maß an Bewegung dem Hund zugemutet werden kann.

TIP

Selbstverständlich soll man einen jungen Hund nicht unter eine Glasglocke packen. Sozialkontakt mit Gleichaltrigen und viele verschiedene Eindrücke sind für die Prägung des Junghundes unerläßlich. Das richtige Maß kann nur mit gesundem Menschenverstand gefunden werden. Spätestens wenn der Hund zu humpeln beginnt, war die Belastung zu groß.

Ist der Hund dann erwachsen, kann er auch größere Belastungen verkraften. Voraussetzung dafür ist allerdings, daß er im Junghundalter keinen Gelenkschaden entwickelt hat. Einmal entstandene Arthrosen werden sich nicht zurückbilden und schränken den Hund lebenslang in seiner Beweglichkeit ein.

Lassen wir unseren Golden Retrievern doch einfach ein wenig mehr Zeit, erwachsen zu werden. Es ist nicht erforderlich, daß der Hund bereits mit 12 Monaten sein endgültiges Gewicht erreicht hat. Retriever sind Spätentwickler und erst mit drei Jahren körperlich wirklich ausgereift.

▶ Zuchtausschließende Erkrankungen

Die Zuchtbestimmungen des Deutschen Retriever Clubs schließen außer bei HD und ED diejenigen Hunde von der Zucht aus, die an einer der folgenden Augenerkrankungen leiden:

HEREDITÄRER CATARACT (HC) ▶

Diese Erkrankung ist vergleichbar mit dem »Grauen Star« beim Menschen. Sie äußert sich in einer Linsentrübung, die unter Umständen zur Erblindung des Hundes führen kann. Allerdings wird längst nicht jeder Hund, dessen HC-Befund positiv ist, tatsächlich blind. Die Erkrankung kommt häufig zum Stillstand, so daß die Linse nicht vollständig trüb wird. Meist sieht man die Linsentrübung mit bloßem Auge nicht. Speziell zugelassene Gutachter führen die Untersuchungen mit Spezialgeräten durch.

PROGRESSIVE RETINA ATROPHIE (PRA)

▶ Bei dieser Erkrankung, die auch als fortschreitender Netzhautschwund bezeichnet wird, löst sich die Netzhaut gewissermaßen auf. Hunde, die an PRA erkrankt sind, werden fast immer blind.

RETINA DYSPLASIE (RD) ▶ Auch dies ist eine erbliche Augenerkrankung, die beim Golden Retriever auftreten kann. Bei dieser Erkrankung löst sich die Netzhaut ab. Das Sehvermögen des Hundes wird dadurch negativ beeinflußt.

Das Auftreten all dieser Augenerkrankungen schließt den Hund von der weiteren Zucht aus. Da diese Erkrankungen auch später noch auftreten können, auch wenn der Hund zunächst keine Anzeichen zeigte, muß die Augenuntersuchung alle zwölf Monate wiederholt werden. Selbst ein »zweifelhafter« Befund führt zum Zuchtausschluß. Bei der PRA werden sogar die Elterntiere des betroffenen Hundes von der Zucht ausgeschlossen, da nachgewiesen ist, daß diese Erkrankung rezessiv vererbt wird. Beide Elterntiere müssen also das entsprechende Gen tragen, damit die Erkrankung auftreten kann.

Glücklicherweise ist die Zahl der Hunde, bei denen eine der oben beschriebenen Erkrankungen auftritt, nicht sehr hoch. Das liegt sicher nicht zuletzt an der konsequenten Zuchtauslese, die in Bezug auf diese Merkmale betrieben wird. Auch das sollte für jeden Welpeninteressenten ein ausschlaggebender Grund dafür sein, einen Welpen ausschließlich bei einem VDH-anerkannten Verein zu kaufen.

▶ **Verdauungsstörungen**

Fast schon alltägliche Unpäßlichkeiten wie Durchfall oder Erbrechen können

Langes Liegen auf zu kaltem Boden, gerade mit nassem Fell, kann Blasenentzündungen oder andere Erkältungskrankheiten nach sich ziehen.

bei jedem Hund einmal auftreten. Beim erwachsenen Hund ist dies zunächst kein Anlaß zu großer Besorgnis, zumindest dann, wenn beide Symptome nicht gleichzeitig zu beobachten sind. Beim Welpen können Durchfall und Erbrechen zur gleichen Zeit schnell zu einem nicht unerheblichen Flüssigkeitsverlust führen, der unter Umständen lebensbedrohlich sein kann. Normalerweise wird der Hund auf Fasten und eine Diät sehr schnell reagieren, Durchfall oder Erbrechen lassen schnell nach. Die erste Maßnahme ist also ein Fastentag. Der Hund bekommt kein Futter, nur Wasser wird selbstverständlich angeboten. Am Tag danach werden zunächst nur leicht verdauliche Dinge wie z.B. Reis, der in Salzwasser abgekocht wurde, Hüttenkäse oder Joghurt gefüttert. Am nächsten Tag kann man dann ein paar Haferflocken, gekochten Fisch oder Huhn dazugeben. Dann wird nach und nach wieder das gewohnte Futter verabreicht, jeweils gemischt mit Reis, bis dann nach einigen Tagen wieder normal gefüttert werden kann. Treten Durchfall oder Erbrechen während der Diät wieder auf, geht man

im Plan um einen Tag zurück. Hilfreich bei Verdauungsstörungen sind
auch homöopathische Arzneimittel.

Erbrechen und Durchfall oder auch
Verstopfung, die durch unverdauliches
oder schlechtes Futter hervorgerufen
werden und häufig mit krampfartigen
Bauchschmerzen einhergehen, wobei
der Hund einen aufgeblähten Bauch
hat und häufig in kleinen Mengen stin-
kenden, breiigen Kot absetzt, bessern
sich häufig durch die Verabreichung
von Nux vomica D6. Man gibt 3- bis
5mal täglich 1 Tablette.

Ist der Durchfall eher wässrig und
der hell-grünliche Kot wird mit deut-
lichen Geräuschen abgesetzt, gibt man
3- bis 4mal täglich eine Tablette Podo-
phyllum D6.

Tritt der Durchfall hauptsächlich
nachts auf, wobei häufig mit Schleim
und manchmal auch Blut versetzter
Stuhl abgesetzt wird, ist Mercurius so-
lubilis D6 das Mittel der Wahl. Man
gibt täglich 3- bis 4mal eine Tablette.
Magnesium-Phosphoricum D8 wirkt
gut bei immer wiederkehrenden Wel-
pendurchfällen, bei denen der Kot säu-
erlich riecht und eine schaumige Kon-
sistenz hat.

Man verabreicht das jeweilige Mittel
so lange, bis die Beschwerden verschwunden sind. Die Behandlung sollte nicht abrupt abgebrochen werden.
Man verringert nach und nach die Do-
sis und schleicht sich so aus der Behandlung aus. Homöopathische Arzneimittel haben keine Nebenwirkungen. Wird das falsche Mittel eingesetzt,
so bleibt es lediglich wirkungslos. Allerdings tritt häufig die sogenannte
»Erstverschlimmerung« auf, das heißt,
daß die Symptome zunächst stärker
werden können.

TIP

*Im Zweifelsfall, nicht nur wenn der
Hund Fieber hat, sollte man einen
Tierarzt zu Rate ziehen, um ernst-
hafte Ursachen auszuschließen.
Gerade bei einem jungen Hund
muß man immer auch daran
denken, daß z.B. ein verschluckter
Fremdkörper zu einem Darmverschluß führen kann. Hin und wieder kann es auch erforderlich sein,
den Hund mit Antibiotika zu behandeln, das kann aber nur der
Tierarzt entscheiden.*

Verletzungen

Bei kleineren Verletzungen kann es erforderlich werden, Erste Hilfe zu lei-
sten. Kleine Schnittwunden, z.B. durch
Glasscherben, sind relativ häufig. Es
kann erforderlich sein, einen Druckver-
band anzulegen. Zumindest sollte man
aber die Wunde reinigen und mit einem Desinfektionsmittel behandeln.
In jedem Fall stellt man den Hund aber
einem Tierarzt vor, auch um festzustel-
len, ob noch ein Fremdkörper in der
Wunde steckt.

Erste Hilfe

Inzwischen werden von einzelnen Tierärzten, aber auch z.B.
durch das Deutsche Rote Kreuz
oder den ASB Erste-Hilfe-Kurse
und Vorträge für Hundebesitzer
angeboten. Sicher ist es für einen
Hundehalter sinnvoll, einen solchen Kurs zu besuchen. Informieren Sie sich bei Ihrem Züchter, Tierarzt oder Verein über Ter-
mine und Anlaufstellen.

Erziehung leichtgemacht

Erziehung leichtgemacht

Für die gesamte Erziehung des Golden Retriever gibt es nur eine einzige Regel, man könnte auch sagen, ein Zauberwort. Dieses Zauberwort heißt: Konsequenz!

Nur mit Konsequenz kann man einem Golden Retriever die Grundbegriffe von dem, was man mit »Anstand« bezeichnen könnte, vermitteln. Aber auch die hohe Schule der rassespezifischen Ausbildung ist nur mit Konsequenz zu erreichen. Gleichgültig, ob man einen Golden Retriever »nur« zu einem angenehmen Familienhund oder zu einem Meister seines Faches erziehen will, man muß bei der Ausbildung dem sensiblen Charakter dieses Hundes Rechnung tragen.

Jeder Hund hat die Eigenschaft, als Mitglied eines Rudels zu fungieren. Das bedeutet, daß er zunächst seinen Platz in der Rangordnung finden muß. Nur ein konsequenter und geradliniger Hundeführer wird dem Golden Retriever die Stellung im Rudel vermitteln können und wird dann als Rudelführer von ihm akzeptiert werden. Geht man in der Ausbildung zu streng mit dem Golden Retriever um, wird man einen Hund haben, der irgendwann nur noch unsicher neben seinem Menschen »herschleicht«. Ist man nicht konse-

quent genug, wird er nie begreifen, was man von ihm erwartet, er wird seine Lücke suchen und sich wie ein egozentrischer Anarchist verhalten. Nicht zuletzt die Achtung vor dem Hund als Individuum erfordert konsequentes Verhalten. Ein Hund darf niemals zum Spielball der eigenen Launen oder zum Spielzeug für Erwachsene oder Kinder degradiert werden.

Im Rudel wird nur derjenige als Rudelführer bestehen können, dessen Reaktionen klar und eindeutig sind. Bei diesem stärksten Rudelmitglied findet der Hund nicht nur Autorität, sondern auch Schutz und Sicherheit. Der Golden Retriever schließt sich demjenigen

> **TIP**
>
> *Mit einem Hund kann man sich nicht argumentativ auseinandersetzen. Selbst wenn man hin und wieder glauben könnte, daß er jedes Wort versteht, stimmt das natürlich nicht. Er hat lediglich gelernt, immer gleiche Verhaltensweisen und die Körpersprache des Menschen, mit dem er lebt, bestimmten Handlungen zuzuordnen. Genauso wird er lernen, daß auf bestimmte Kommandos hin bestimmte Verhaltensweisen von ihm erwartet werden.*

Familienmitglied am engsten an, das konsequent und eindeutig in seiner Ausdrucksweise ist, weil er hier stets weiß, woran er ist. Ein launischer Mensch, der heute dies und morgen das tut, ist dem Hund suspekt.

TIP

Ein Hund lernt vom ersten bis zum letzten Tag seines Lebens. Sicherlich sind im fortgeschrittenen Alter Erziehungs- oder gar Umerziehungsmaßnahmen immer weniger schnell wirksam. Das liegt aber nicht daran, daß der Hund nicht mehr in der Lage wäre dazuzulernen, sondern vielmehr daran, daß durch bereits verinnerlichte Erfahrungen bestimmte Verhaltensweisen fest verankert sind. Aus diesem Grund ist es besonders beim jungen Hund wichtig, darauf zu achten, was er lernt. Er kann nämlich sowohl nützliche als auch weniger nützliche Dinge lernen. Da macht es doch in jedem Fall Sinn, die geistige Kapazität des Hundes für Dinge zu beanspruchen, die das gemeinsame Leben bequemer machen, als zuzulassen, daß sein Gehirn mit allerlei Unsinn vollgestopft wird, was später als lästige Angewohnheit erduldet werden muß.

Erziehung bedeutet nicht nur Training auf bestimmte Übungen hin, wie z.B. Sitz oder Platz. Erziehung beginnt im Alltag, und der alltägliche Umgang mit dem Hund festigt das Verhältnis und die Bindung zwischen Hund und Mensch. Die Teilnahme an Ausbildungskursen auf dem Hundeplatz kann eine sinnvolle Ergänzung zur Erziehung sein und wichtige Anregungen und Hilfen geben. Es reicht aber

nicht aus, nur jede Woche auf dem Trainingsgelände Dinge einzustudieren, wenn man im Alltag die ganze Woche über das Erlernte nicht vertieft und in jeder Situation auf der Befolgung der Kommandos besteht.

▶ Wichtige Grundsätze

Zunächst muß man sich selbst darüber klar werden, welche Erziehung der Golden Retriever erhalten soll. Auch innerhalb der Familie muß klar geregelt sein, was der Hund darf und was nicht. Diese Dinge diskutiert man am besten bereits vor der Anschaffung des Hundes. Nur wenn alle am gleichen Strang ziehen, werden Erziehungsmaßnahmen auch den gewünschten Erfolg bringen.

Der Hund ist ein »Emotionalist«: Wenn seine Verhaltensweisen positive Erlebnisse nach sich ziehen, wird er dieses Verhalten immer wieder zeigen. Macht er schlechte Erfahrungen, wird

Die niedrigste Rangstufe im Rudel ist für den Hund keine Strafe. Kinder werden allerdings nicht immer als übergeordnet akzeptiert, sondern sind meist gleichrangige Spielpartner.

Das »Greifen über den Fang« ist eine Dominanzgeste, mit der schon die Mutter den Welpen vermittelt, daß sie in der Rangordnung unter ihr stehen.

er die Dinge, die zu diesen schlechten Erfahrungen geführt haben, künftig unterlassen. Das bedeutet im Umkehrschluß, daß man dem Hund die Dinge, die man von ihm erwartet, so positiv wie möglich nahebringen sollte. Zeigt er ein unerwünschtes Verhalten, muß dies für den Hund unangenehme Konsequenzen nach sich ziehen. Dabei ist es ausgesprochen wichtig, daß die jeweilige Reaktion sofort und auf der Stelle erfolgt! Der Hund kann Lob und Tadel nur dann einer Situation oder einem Verhalten zuordnen, wenn man unverzüglich reagiert. Liegt das Fehlverhalten bereits länger zurück, wird der Hund aus einer unangenehmen Reaktion keinen Rückschluß ziehen können. Wenn man z.B. vom Einkaufen zurückkommt und der Hund hat während der Abwesenheit seines Besitzers z.B. den Teppich zerlegt, bringt es gar nichts, ihn dafür strafen zu wollen. Nur wenn man ihn direkt dabei erwischt, kann man ihm vermitteln, daß dieses Verhalten nicht geduldet wird.

Lob und Tadel sind in der Erziehung des Hundes ausgesprochen wichtige Instrumente. Die Dosierung dieser Maßnahmen hängt zum einen von der Wichtigkeit des gewünschten Ergebnisses ab, zum anderen aber auch von den Charaktereigenschaften des Hundes selbst. Zunächst muß man beachten, daß ein Golden Retriever ein sensibler Hund ist. Brutalität in der Erziehung ist total fehl am Platz. Ein Hundeführer, der seinen Hund nur mit Brutalität unterjocht, hat auf der ganzen Linie versagt. Sogenannte Dressurhilfsmittel wie z.B. Teletakt oder Stachelhalsband sind ebenfalls eine Bankrotterklärung an die Fähigkeiten des Hundeausbilders, und ihr Einsatz grenzt an Tierquälerei.

Wie man nun dem Golden Retriever vermittelt, ob man mehr oder weniger erfreut ist von dem, was er tut, schaut man sich am besten von den Hunden selbst ab. Die Sprache, in der sich Hunde untereinander verständigen, wird von ihnen auch am besten verstanden. Wenn man einem Hund etwas vermitteln will, muß man selbst ein wenig zum Hund werden, um sich verständlich zu machen.

▶ Erziehung auf Hundeart

Beobachtet man eine Hundemutter mit ihren Welpen, wird man schnell feststellen, daß sie ihre Welpen schon sehr früh erzieht. Die Hündin bedient sich dazu zunächst ihrer Stimme. Hohe, piepsende Laute werden eingesetzt, um die Welpen zu locken. Tiefe, knurrende Laute vermitteln den Welpen, sich vorsichtig zu verhalten, bestimmte Verhaltensweisen zu unterlassen oder Abstand von der Mutter zu halten. Die Mutter beruhigt ihre Welpen und vermittelt Geborgenheit, indem sie ihnen die Bäuche leckt oder sie putzt.

Mit zunehmendem Alter der Welpen werden ganz gezielte Erziehungsmaßnahmen eingeleitet. Oft beteiligen sich an der Erziehung der Welpen auch andere im Haus lebende Hunde. Häufig beschäftigen sich die erwachsenen Hunde ganz provokativ z.B. mit einem Spielzeug. Die Welpen werden dadurch angelockt und dazu verleitet, das Spielzeug auch haben zu wollen.

Nähert sich der Welpe, wird er massiv angeknurrt – so lange, bis er sich zunächst wieder entfernt und in gebührendem Abstand sitzenbleibt. Natürlich wird der Welpe es nicht bei diesem einmaligen Versuch belassen. Weitere Versuche, das Spielzeug an sich zu bringen, werden vom erwachsenen Hund mit Knurren oder manchmal, wenn der Welpe zu dreist wird, auch mit einem Schnappen quittiert.

Es hängt vom Temperament des Welpen ab, wie heftig die Reaktion des älteren Hundes ausfällt und wie oft dieses Spiel wiederholt werden muß. In jedem Fall wird der erwachsene Hund dem Welpen das Spielzeug nicht überlassen. Erst wenn der Welpe wirklich kein Interesse mehr an dem Spielzeug zeigt, wendet sich der ältere Hund ab und läßt das Spielzeug liegen. In keinem Fall bekommt der Welpe seinen Willen, der ältere Hund ist nicht empfänglich für Gefühle wie »guck doch mal, wie niedlich der Kleine ist« oder wie »gib doch dem Kleinen sein Spielzeug, es ist doch gemein, ihn so zappeln zu lassen«. Auf diese Art und Weise lernt der Welpe, daß es keinen anderen Ausgang des Spiels gibt, gleichgültig, was er tut. Wenn der erwachsene Hund das Spielzeug hat, ist es für den Welpen tabu. Erst wenn das Interesse des erwachsenen Hundes erloschen ist, wobei der erwachsene Hund den Zeitpunkt bestimmt, kann der Welpe das Spielzeug haben. Der Welpe lernt auf diese Weise, sich dem erwachsenen Hund unterzuordnen.

Mit hohen, piepsenden Lauten und Belecken signalisiert die Mutterhündin ihrem Welpen, daß alles in Ordnung ist. Mit Knurren oder hin und wieder auch, indem sie ihn ihre Zähne spüren läßt (selbstverständlich ohne ihn dabei zu verletzen), gibt sie ihm zu verstehen, daß sie sein Verhalten nicht duldet. In ganz extremen Fällen wird sie ihn im Nacken hochziehen. Diese Bestrafung wird aber nur höchst selten eingesetzt und ist extrem schweren Vergehen vorbehalten.

Eine weitere Möglichkeit, dem Welpen klar zu machen, daß er in der Rangfolge unter dem erwachsenen Hund steht, ist das »über den Fang greifen«. Teilweise im Spiel nimmt z.B. die Mutterhündin die Schnauze des Welpen in ihr Maul. Ein wenig sieht das so aus, als wollte sie ihm die Nase abkauen. Sie greift dabei von oben her über das Maul des Welpen und hält seine Schnauze einen Moment lang im

Auch der Mensch muß schon beim Welpen mit der Erziehung beginnen. Diese Aufgabe sollte aber ein Erwachsener übernehmen.

Fang. Das Spiel des Welpen wird daraufhin ruhiger, er ordnet sich dem älteren Hund unter.

TIP

Diese »Hundesprache« sollten wir Menschen erlernen. Einer störungsfreien Kommunikation steht dann nichts mehr im Wege. Der Hund besitzt zwar Intelligenz, die Fähigkeit, »Fremdsprachen« zu erlernen, hat er jedoch nicht. Wir müssen also, wenn wir mit einem Hund kommunizieren wollen, die »Hundesprache« benutzen, der Hund wird die menschliche Sprache nicht erlernen können.

Der Hund kann auch Dominanz zeigen, indem er sich über den anderen Hund stellt und ihn für eine Weile nicht mehr aufstehen läßt. Der Hund, der unten liegt, wird sich unterwerfen und ganz still liegenbleiben. Er gibt dem Überlegenen dadurch zu verstehen, daß er seine übergeordnete Stellung akzeptiert und steht erst dann wieder auf, wenn der andere Hund es ihm erlaubt und weggeht. Es gibt sicher noch viele andere Beispiele für Dominanzverhalten unter Hunden.

Wenn man spielende Hunde beobachtet, wird man sicher vieles lernen können. Hunde brüllen sich nicht an, sie sind einander auch nicht stundenlang böse. Nach einer Auseinandersetzung spielen sie wieder miteinander, zumindest wenn sie jung sind.

▶ Die Rangordnung

Erziehung beginnt bereits mit der Festlegung der Rangordnung. Vom ersten Tag an, wo der Welpe bei seiner neuen Familie einzieht, sollte man ihm klarmachen, daß er in der Rangordnung immer unter dem Menschen steht. Es versteht sich von selbst, daß das nicht dadurch erreicht wird, daß man den Hund ständig reglementiert oder gar anbrüllt. Der Mensch ist für den Hund Spielpartner und ein freundlicher Rudelgenosse. Ein Welpe sollte sich unbefangen entwickeln können und nicht dem übergroßen Ehrgeiz seines Besitzers zum Opfer fallen. Man kann sich leider auch nicht darauf verlassen, daß er bestimmte Dinge irgendwann schon von selbst lernt. Vom ersten Tag an muß man dem neuen Familienmit-

Durch eine hoch aufgerichtete Rute und das Sträuben des Nackenfells versucht der Hund optisch größer zu wirken und dadurch sein Gegenüber einzuschüchtern. Diese Körperhaltung ist eine eindeutige Dominanzgeste.

glied vermitteln, wer der Chef im Hause ist. Bereits der Welpe muß wissen, daß er seinen Rudelführer, den Menschen, ernst nehmen muß. Das kann er aber nur dann lernen, wenn er nicht für die gleiche Sache einmal bestraft wird und das andere Mal nicht. Wenn man ein Kommando gegeben hat, muß man auf der Umsetzung auch bestehen.

Spielen Sie gezielt mit Ihrem Hund. Das Spiel hat hohen erzieherischen Wert.

WER DARF AUFS SOFA? ▶ In der Regel beginnt die Hauserziehung mit dem Thema Stubenreinheit. Für einen »See« im Wohnzimmer wird sicher niemand einen Welpen belohnen. Aber wie steht es mit der Frage, ob der Hund auf dem Sofa sitzen darf oder nicht? Wenn ein Familienmitglied den Hund auf dem Sofa duldet, während ein anderes das Verhalten verbietet, wird der Hund nicht begreifen, was er darf. Jeder im Haus muß den Hund bei dem Versuch, auf das Sofa zu klettern, mit einem klaren »Nein« daran hindern, Erfolg zu haben. Dieses »Nein« muß der Hund bei jedem weiteren Versuch hören, bis er es nicht mehr versucht. Entscheidet man sich, den Hund auf dem Sofa sitzen zu lassen, wird er das auch tun, wenn er z.B. vom Spaziergang schmutzig nach Hause kommt. Er kann nicht unterscheiden, ob er saubere oder schmutzige Pfoten hat. Es hat also keinen Sinn, dann mit einem hysterischen Anfall zu reagieren, wenn der Hund das Sofa üblicherweise als Schlafplatz benutzen darf.

Aber nicht nur aus diesem Grund sollte man überlegen, ob man dem Hund gestattet, das Sofa als sein Eigentum zu betrachten. Dem Rudelführer ist ein bestimmter Schlafplatz vorbehalten. Die untergeordneten Rudelmitglieder würden diesen Platz nicht antasten. Man vermittelt dem Hund also bereits mit der Entscheidung, ihn nicht auf dem Sofa liegen zu lassen, daß man der Chef des Rudels ist.

WER FRISST ZUERST? ▶ Auch andere Äußerlichkeiten sind nützlich, um dem Hund die Rangfolge klarzumachen: Der Rudelführer frißt zuerst, man sollte den Hund also erst dann füttern, wenn man selbst seine Mahlzeit zu sich genommen hat. Selbstverständlich füttert man nicht vom Tisch.

▶ Nach einem Tadel

Wurde der Hund für ein Fehlverhalten gemaßregelt, sollte man nicht nach kurzer Zeit zu dem Hund gehen, um sich zu entschuldigen. Man wartet, bis der Hund von selbst wieder den Kontakt herstellt. Dann zeigt man sich nicht nachtragend und geht wieder auf den Hund ein. Der Rudelführer entschuldigt sich nicht, und Gefühle wie Mitleid sind ihm fremd. Der Rangniedrigere nimmt den ersten Kontakt nach einer Auseinandersetzung auf und prüft, ob die Stimmung wieder freundlich ist.

Erziehung findet im Alltag statt. Auto-fahren gehört genauso dazu ...

jüngerer Hund leckt dem älteren zur Begrüßung das Maul. Das versucht er bei uns Menschen auch. Er erreicht un-ser »Maul« aber nur, indem er hoch-springt.

> **TIP**
>
> *Um ihm das Springen abzugewöh-nen, sollte man also zur Begrüßung in die Hocke gehen, damit er gar nicht verleitet wird. Mit der Zeit läßt dieses Bedürfnis des Hundes von selbst nach. Wenn er aber auch im fortgeschritteneren Alter noch immer jeden anspringt, sollte ein klares »Nein« von derjenigen Per-son, die begrüßt werden soll, die Antwort auf diese Geste sein.*

WER GEHT VORAN? ▶ Wenn man das Zimmer oder die Wohnung verläßt oder betritt, geht der Mensch zuerst durch die Tür, der Hund folgt hinter-her. Das hat auch den Vorteil, daß der Hund z.B. nicht unkontrolliert auf die Straße rennen kann. Beim Hinauf- oder Hinabgehen einer Treppe verhält es sich genauso (natürlich erst dann, wenn der Hund nicht mehr getragen werden muß). Es kann ausgesprochen lästig sein, wenn man z.B. mit einem vollen Wäschekorb die Treppe hinun-tergehen will und ständig ein Hund den Weg versperrt.

HOCHSPRINGEN ▶ Hunde, die zur Begrüßung an Menschen hochsprin-gen, sind, nicht nur wenn sie schmut-zig sind, äußerst lästig. Es gibt immer auch Menschen, die Angst vor Hunden haben. Man sollte also dem Hund das Hochspringen abgewöhnen. Gerade ein Welpe wird dieses Verhalten immer wieder zeigen. Das hängt auch damit zusammen, daß er zunächst seine Un-tergebenheit durch das sogenannte »Futterlecken« demonstrieren will. Ein

UNTERWÜRFIGE BEGRÜSSUNG ▶ Manche Hunde hinterlassen auch klei-ne »Freudenpfützen« bei der Be-grüßung. Das ist eine eindeutige Un-terwerfungsgeste. Man sollte den Hund dafür nicht bestrafen, es wird dann nur noch schlimmer. In der Regel hört dieses Verhalten von selbst auf, wenn der Hund dem Welpen- oder Junghundealter entwachsen ist. Aller-dings deutet dieses Verhalten darauf hin, daß derjenige, der begrüßt wird, sich dem Hund gegenüber während der Begrüßung zu dominant verhält. Das kann durch eine tiefe Stimme oder durch eine über den Hund gebeugte Körperhaltung vermittelt werden. Am besten läßt man in einem solchen Fall die Begrüßung etwas weniger heftig ausfallen.

Auch Hunde untereinander, die nach einer Trennung wieder zusam-menkommen, begrüßen sich nicht überschwenglich. Ein kurzes Schnüffeln ist in der Regel alles, was passiert. Nur in seltenen Fällen, wenn die Rangordnung noch geklärt werden muß, besteht der übergeordnete Hund darauf, daß sich der untergebene hinlegt oder auf eine andere Art und Weise unterwirft. Der Mensch sollte aber den Hund nicht auf diese Weise dominieren. Am besten ist es, weder aus einem Abschied, wenn er erforderlich ist, noch aus der Begrüßung einen Staatsakt zu machen. Es fällt dem Hund dann auch leichter, mal allein zu bleiben. Unabhängig davon, wie lange man weg ist, es ist besser, sich genauso zu verhalten, als wäre man gerade kurz unter der Dusche gewesen, wenn man zurückkommt.

▶ **Spielen**

Das Spiel mit dem Hund ist ebenfalls für die Rangordnung außerordentlich wichtig. Beim Spiel ohne Beute, also ohne einen Gegenstand, wälzt man sich mehr oder weniger mit dem Hund auf dem Boden umher. Es ist wichtig, daß der Mensch den Zeitpunkt für das Spiel und das Ende des Spiels bestimmt. Im Spiel kann man den Hund z.B. auf den Rücken legen, ihn auch mal auf dem Boden festhalten oder z.B. mit der Hand über seinen Fang greifen. Mit diesen u.ä. Mitteln kann man ihm klarmachen, daß man selbst ihm überlegen ist.

Gerade bei Welpen, die ihre Kraft noch nicht einschätzen können, sollte man nicht aggressiv reagieren, wenn das Spiel mal zu heftig wird. Durch die spitzen Milchzähne des Welpen kann es sogar hin und wieder zu kleinen Verletzungen kommen. Der Welpe ist aber sicher nicht aggressiv. Selbst wenn er im Übereifer einmal knurrt, reagie-

ren Sie bitte nicht falsch. Machen Sie ihm durch beruhigende Worte oder auch piepsende Laute klar, daß er übers Ziel hinausgeschossen ist. Wenn es zu wild wird, beenden Sie das Spiel, indem Sie aufstehen und weggehen.

Beim Spiel mit Beute sollte man darauf achten, daß der Hund die Beute auch abgibt. Sicher gibt man ihm sein Spielzeug dann auch wieder, aber wenn man entscheidet, die Beute selbst haben zu wollen, muß der Hund sich unterordnen. In keinem Fall sollte man mit dem Hund um die Beute zanken. »Zerrspiele« fördern den Kampftrieb des Hundes, der beim Golden Retriever unerwünscht ist. Also, selbst wenn man den Eindruck hat, daß es dem Hund großes Vergnügen bereitet, z.B. an einem Handtuch zu zerren, das der Mensch am anderen Ende festhält: dieses Spiel sollte man in jedem Fall unterlassen.

... wie der Umgang mit neuen, ungewohnten Situationen.

► Rangordnung klarstellen

☐ Bestimmen Sie selbst den Zeitpunkt für Spiel, Spaziergänge usw.

☐ Füttern Sie ihn erst, wenn Sie selbst mit dem Essen fertig sind.

☐ Gehen Sie zuerst durch die Tür.

☐ Kontrollieren Sie von Zeit zu Zeit sein Gebiß und seine Ohren, auch wenn es nicht erforderlich wäre.

☐ Nehmen Sie ihm hin und wieder ein Spielzeug oder eine andere Beute weg.

☐ Halten Sie ihn im Spiel hin und wieder fest, auch wenn er das nicht möchte.

überschwenglich gelobt wird, wenn er etwas bringt. Zur Belohnung geht das Spiel dann auch weiter. Wenn der Hund das Spielzeug nicht mehr bringen will, hört man einfach auf und geht weg. Man sollte dieses Spiel aber am besten schon dann beenden, wenn man merkt, daß der Hund die Lust verliert, so daß man noch mit einem Erfolg abschließen kann.

► TIP
In jedem Fall wird der Hund gelobt, wenn er etwas apportiert, selbst dann, wenn der Gegenstand, den er bringt, für uns nicht appetitlich ist. Es ist ein großer Vertrauensbeweis, wenn der Hund seine Beute freiwillig abliefert.

BRINGSPIELE ► Wenn der Hund eine Beute hat, bringt man ihn mit beruhigenden Worten dazu, sie abzugeben. Niemals darf man dem Hund nachlaufen, was gerade Kinder sehr gerne tun. Zum einen hat man keine Chance, einen Hund zu fangen, und zum anderen sollte man gerade beim Golden Retriever den Bringtrieb fördern. Man versucht also, den Hund zu sich zu locken. Wenn er dann kommt, greift man nicht sofort nach der Beute, sondern lobt ihn zunächst für das Kommen. Dann erst nimmt man ihm, ohne zu zerren, die Beute ab. Dieses Spiel kann lebensnotwendig werden, wenn der Hund etwas im Fang trägt, was beim Herunterschlucken gefährlich werden könnte.

Will man den Hund auf das Apportieren hin trainieren, sind diese »Bringspiele« im Welpenalter unerläßlich. Dabei ist es wichtig, daß der Hund

Wenn nun zu der spielerischen Erziehung des jungen Hundes das Eintrainieren bestimmter Kommandos hinzukommt, wird die Rangfolge mehr und mehr gefestigt. Die Ausbildung des Golden Retriever hier detailliert zu beschreiben, würde den Rahmen dieses Buches sprengen. Daher sollen hier nur einige grundsätzliche Dinge angesprochen werden.

► Herkommen
Um den Hund zuverlässig unter Kontrolle zu haben, ist es unerläßlich, daß er kommt, wenn man ihn ruft. Das Komm-Kommando kann dabei sowohl durch Rufen als auch mittels einer Hundepfeife gegeben werden. Auf die Pfeife kann man den Hund ausgezeichnet konditionieren. Vielleicht hat sogar der Züchter bereits damit begonnen. Man macht sich dabei zunutze, daß die meisten Retriever ausgespro-

chen gern fressen. Wenn man nun den Hund füttert, pfeift man, bevor man den Napf auf den Boden stellt. Man benutzt dazu das Pfeifsignal, das man später auch für das Komm-Kommando benutzt. Bei einer doppeltönigen Pfeife, die einen glatten Pfiff und einen Triller hat, wird in der Regel der glatte Pfiff für das Komm-Signal verwendet.

Es ist also gleichgültig, ob der Hund bereits neben einem sitzt, wenn man die Futterschüssel in der Hand hält. Diese Übung dient zunächst nicht dazu, den Hund zu sich zu rufen, sondern es soll lediglich erreicht werden, daß der Hund das Pfeifen mit der angenehmen Erfahrung des Fressens in Verbindung bringt. Für eine gewisse Zeit pfeift man also vor jeder Mahlzeit. Wenn man dann nach einigen Wochen zunächst im Haus und ohne Ablenkung den Hund zu sich pfeift, ohne daß eine Mahlzeit ansteht, gibt man selbstverständlich ein Leckerchen zur Belohnung, wenn er dann auch tatsächlich gekommen ist. Kommt er nicht, pfeift man nicht noch ein zweites Mal, sondern läßt es dabei bewenden und geht für die nächste Zeit wieder dazu über, nur vor den Mahlzeiten zu pfeifen. Nach einer Weile wird dann der Pfiff sicher mit der Erfahrung »Fressen« verbunden sein, und der Hund kommt bei diesem Signal genauso angerannt, wie wenn man mit der Futterschüssel klappert.

Es versteht sich von selbst, daß man diesen Erfolg nicht gleich überstrapaziert. Man ist noch weit davon entfernt, den Hund mit der Pfeife so unter Kontrolle zu haben, daß er immer kommt. Zunächst probiert man es nur alle paar Tage einmal aus. Anfangs gibt es nach jedem Erfolg noch ein Leckerchen, spä-

ter nur noch hin und wieder. Vor jeder Mahlzeit wird diese Übung aber auch weiter praktiziert.

Wenn es im Haus und Garten gut klappt, kann man es auch einmal draußen im Feld versuchen, selbstverständlich zunächst ohne Ablenkung durch andere Hunde oder Spaziergänger. Auch hier gibt es zunächst wieder Leckerchen zur Belohnung, später wird der Hund ohne Leckerchen gelobt, indem man ihn streichelt und sich mit ihm freut, daß es geklappt hat.

Lassen Sie sich nicht dazu verleiten zu glauben, Sie hätten den Hund jetzt unter Kontrolle. Pfeifen Sie unter keinen Umständen, wenn Sie befürchten müssen, daß der Golden nicht kommt. Der Erfolg würde nur verwässert, der Hund lernt dann, daß es auch nicht schlimm ist, wenn er nicht kommt.

Wann immer man ein Kommando gegeben hat, gleichgültig welches, muß man auch darauf bestehen, daß es befolgt wird. Pfeift man also und der Golden kommt nicht, muß man ihn holen. Zu diesem Zweck geht man langsam

Bestimmte Übungen, wie z.B. »Sitz«, sind für den Umgang mit dem Hund im Alltag wichtig.

auf den Hund zu, nicht rennen, sonst rennt er auch (in der Regel in die andere Richtung). Man greift den Hund und gibt ihm zu verstehen, daß man dieses Verhalten nicht duldet. Dann geht man mit dem Hund zu dem Platz, von dem aus man ihn gerufen hat. Erst wenn man dort mit ihm angekommen ist, lobt man ihn ausgiebig.

Man ruft oder pfeift also nicht mehrmals, sondern immer nur einmal. Der Golden lernt sonst nämlich, daß erst bei einem bestimmten Klang der Stimme oder nach einer gewissen Anzahl Kommandos sein Gehorsam wirklich verlangt wird. Außerdem überlegt man sich genau, in welchen Situationen man den Hund zu sich ruft. Jede Übung sollte mit einem Erfolg abschließen, nur dann festigt sich über die Zeit der Lernerfolg.

Parallel dazu trainiert man den Hund aber auch über die Stimme auf das Kommando »Komm«. Zu diesem Zweck lockt man den Hund zu sich, indem man ihn mit freundlicher Stimme einladend ruft oder für den Hund unbekannte, interessante Geräusche macht. Man beginnt mit der Übung dann, wenn der Hund ohnehin auf dem Weg ist und von selbst kommen wollte. Man lobt, streichelt oder gibt ein Leckerchen, wenn er da ist.

Leinenführigkeit ist eines der wichtigsten Ausbildungsziele und ein Spiegel der Rangordnung.

Auch hier gilt: zunächst übt man in einer ablenkungsfreien Umgebung. Erst wenn die Übung gut klappt, steigert man den Schwierigkeitsgrad.

Ob man die Pfeife oder die Stimme benutzt, um den Hund zu rufen, hängt von der Situation ab. Mit der Pfeife kann man sich über größere Distanzen bemerkbar machen, außerdem klingt sie immer gleich, egal welche Stimmung man selbst hat. Ist man verärgert, wird der Hund dies an der Stimme erkennen und möglicherweise weniger gern kommen.

In der Praxis macht es auch Sinn, einen Unterschied zwischen dem Kommando »Komm« und »Hierher« zu machen. Während es bei einem Spaziergang ausreicht, dem Hund z.B. eine Richtungsänderung mit dem Kommando »Komm« anzuzeigen, wobei er lediglich aufmerksam gemacht wird und sich in die Richtung seines Führers bewegt, kann es manchmal notwendig sein, den Hund mit »Hierher« dazu zu bewegen, direkt zu kommen

TIP
Immer soll das Kommen eine angenehme Erfahrung für den Hund sein: wenn er kommt, wird er immer gelobt. Den Hund zu strafen, wenn er zunächst nicht gehorsam war, dann aber irgendwann doch zurückkommt, würde genau das Gegenteil bewirken. Beim nächsten Mal kommt er gar nicht mehr.

und vor den Führer zu sitzen oder zu stehen, bis er z.B. angeleint worden ist oder mit dem Kommando »Lauf« aufgefordert wird, wieder loszurennen. Die Pfeife benutzen wir dabei wie das Kommando »Hierher«. Es ist lediglich eine Frage des Trainings, was man dem Hund anerzieht. Den Unterschied kann er durchaus begreifen.

▶ Sitz

Die Übung »Sitz« beherrschen die meisten Hunde sehr schnell. Ein Welpe setzt sich oft hin, z.B. dann, wenn er etwas anschauen möchte, das größer ist als er selbst. Wenn er sich also gerade setzt, unterstützt man diese Handlung mit lobenden Worten, wobei man immer wieder das Wort »Sitz« wiederholt. Normalerweise reicht das bereits aus, um dem Hund die Bedeutung dieses Wortes zu vermitteln.

Gibt man das »Sitz-Kommando« und der Hund setzt sich nicht, kann man selbst daraus lernen, daß man zu früh erwartet hat, der Hund hätte es verstanden. Muß man dann auf der Umsetzung des Kommandos bestehen, hilft man dem Hund, indem man ihn mit der einen Hand an der Brust und mit der anderen Hand auf die Kruppe faßt. Die Hand auf der Kruppe drückt den Hund – sanft – mit dem Hinterteil in Richtung Boden, die andere Hand schiebt an der Brust – sanft – nach hinten. Sitzt der Hund dann, wird er ausgiebig gelobt.

> ### ▶ TIP
> *Auch für diese Übung gilt, wie für alle anderen: zunächst probiert man es in einer Umgebung ohne Ablenkung, später, wenn es sicher funktioniert, steigert man den Schwierigkeitsgrad. Man kann diese Übung durch Handzeichen unterstützen, indem man z.B. den Zeigefinger in Brusthöhe hebt. Der Hund wird darauf aufmerksam und, indem er zum gehobenen Zeigefinger aufschaut, setzt er sich meist von selbst.*

▶ Leinenführigkeit

Dieses Thema ist besonders wichtig. Man vermittelt dem Hund mit der Leine eine Menge. Die Leine ist ein Machtinstrument, mit dem man den Hund unter Kontrolle hat. Er ist gezwungen, in die Richtung zu laufen, die der Mensch vorgibt. Mit der Leine wird der Hund gezwungen, sich unterzuordnen, das stellt zu einem großen Teil die Rangordnung klar. Selbstverständlich nur dann, wenn der Hund auch wirklich die Lektion Leinenführigkeit gelernt hat.

Ein Hund, der an der Leine zerrt, ist für jeden eine Last. Auch wenn man

Für erwünschtes Verhalten muß der Hund kräftig gelobt werden, damit er versteht, daß er es gut gemacht hat.

Die Übung »Platz« erfordert ein hohes Maß an Unterordnungsbereitschaft. Sie sollte noch nicht mit einem Welpen eingeübt werden.

einen Welpen noch mit seinem gesamten Gewicht bequem an der Leine halten kann, spätestens wenn der Golden Retriever ausgewachsen ist und mit ca. 35 bis 40 kg Lebendgewicht am anderen Ende der Leine hängt, wird es sehr unangenehm, wenn er nicht beizeiten gelernt hat, wie er sich an der Leine zu bewegen hat. Viele Hundebesitzer sind schon fast verzweifelt, weil sie mit der Leine im wahrsten Sinne des Wortes »an ihrem Hund hängen«. Man sollte sich also nicht täuschen lassen: irgendwann wird das Thema Leinenführigkeit für jeden Retrieverbesitzer wichtig. Und gerade in diesem Punkt gilt: »Was Hänschen nicht lernt, lernt Hans nimmermehr.«

Wenn auch viele Wege nach Rom führen, nach meiner Erfahrung gibt es nur einen einzigen Weg zu einem leinenführigen Hund: Vom ersten Tag an, an dem der Golden Retriever die Leine kennenlernt, muß er lernen, daß er nicht ziehen darf. Das bedeutet, daß jedesmal, wenn der Hund ein Druckgefühl am Hals spürt, dieses Gefühl für den Hund mit einer unangenehmen Erfahrung verbunden sein muß. Nur wenn er sich in der richtigen Position neben seinem Führer befindet, wenn also die Leine locker durchhängt, ist das »brav« und der Hund wird gelobt. Wie funktioniert das? Eigentlich ganz einfach!

Eine ganz wichtige Voraussetzung für den Erfolg ist der Zeitpunkt, an dem man mit der Lektion Leinenführigkeit beginnt. Ist der Golden zu jung, wird er nicht begreifen können, was von ihm verlangt wird. Das beste Alter für diese Übung ist nach meiner Erfahrung die siebzehnte oder achtzehnte Lebenswoche des Hundes. In diesem Alter hat er genügend Vertrauen zu seinem Besitzer aufgebaut. Es ist aber auch ausgesprochen wichtig, daß der Hund vorher noch keine Erfahrungen mit der Leine gemacht hat. Man sucht sich einen Tag aus, an dem man selbst ausgeglichen und ruhig ist.

> **TIP**
>
> *Mit schlechter Laune kann man dem Hund nichts vermitteln. Ist man selbst an diesem Tag schlecht drauf oder hat man ein Gefühl im Bauch wie »ach, der arme Kleine, der ist doch so niedlich«, sollte man die Übung auf einen anderen Tag verschieben.*

Wenn nun alle Voraussetzungen passen, wählt man einen Zeitpunkt, wo der Golden ohnehin schon etwas müde ist. Also am besten nach einer Spielaktion, wenn der Welpe sich eigentlich gerade schlafen legen wollte. Man nimmt die Leine, ein paar Leckerchen und den Hund und fährt in ein dem Hund unbekanntes Gelände. In einem unbekannten Gelände hat der Hund ohnehin das Bestreben, in der Nähe seines Menschen zu bleiben. Das erleichtert die Sache. Dort angekommen, legt man dem Golden nun zum ersten Mal in seinem Leben die Leine um den Hals und versucht mit aufmunternden

Worten, den Hund dazu zu bewegen, ein paar Schritte neben dem linken Bein zu gehen. Dabei hält man ihm ein Leckerchen vor die Nase. Klappt das gut, läßt man nach ein paar Metern den Hund sitzen, nimmt ihm die Leine ab und lobt ihn außerordentlich. Für den heutigen Tag reicht das aus, mehr wollten wir nicht erreichen.

Springt der Golden wie ein kleiner Ziegenbock an der Leine umher oder bleibt stur auf einem Fleck sitzen, versucht man ihn zu beruhigen und dazu zu bewegen, in der Position links neben dem Menschen mit durchhängender Leine nur ein paar Schritte zu gehen. Zieht der Golden nach vorn oder zur Seite, so daß sich die Leine spannt, muß sofort eine unangenehme Erfahrung die Folge sein. Mit einem Ruck zieht man den Hund in die richtige Position zurück. Wenn er dort gelandet ist, lobt man ihn wieder ausgiebig. Der Ruck sollte schnell und kräftig ausgeführt werden, so daß der Hund durchaus einen unangenehmen Zug am Hals verspürt. Keine Angst, man verletzt den Hund dabei nicht, und diese unangenehme Erfahrung wird er bald

vergessen haben, wenn er erst begreift, daß die Leine dazu dient, spazieren zu gehen. Es ist ausgesprochen wichtig, bei jedem Spannen der Leine den Hund mit einem unsanften Ruck in die richtige Position zu befördern. Dabei ist es nicht der Mensch, von dem die Strafe ausgeht, denn dieser ist immer gleichbleibend freundlich. Der Hund muß das Gefühl haben, daß er selbst durch das Ziehen an der Leine sich diesen Ruck zufügt, der ihm dann noch unangenehmer ist. Nur auf diese Weise wird er lernen, von sich aus darauf zu achten, daß die Leine immer lose durchhängt, wenn er angeleint ist.

> **TIP**
> *Natürlich darf man die Konzentrationsfähigkeit des jungen Hundes nicht überschätzen. Fürs erste reicht es aus, diese Übung ein- oder zweimal am Tag für höchstens fünf Minuten zu machen. Anfangs sollte keine Ablenkung da sein. Macht man es richtig, hat der Hund nach einigen Tagen verstanden, was man von ihm erwartet.*

Nach und nach kann man dann anfangen, die Situationen etwas schwieriger zu gestalten. In jedem Fall muß man aber darauf achten, daß der Golden, wenn er an der Leine ist, nicht zieht.

In den ersten Wochen muß man also die Situationen, in denen man den Hund anleint, sehr genau prüfen. Kann er sich jetzt so konzentrieren, daß die Übung klappt? Ist man selbst konzentriert genug, daß man auf die richtige Position des Hundes achten kann? Wenn das nicht der Fall ist, leint man den Hund besser erst gar nicht

Auf das Kommando »Komm« soll der Hund spontan reagieren und freudig und schnell zu seinem Führer laufen.

Hundeschulen können wichtige Anregungen und Hilfestellung bei der Ausbildung geben.

an. Hat man sich aber entschieden, in einer bestimmten Situation die Leinenführigkeit zu üben, muß man unbedingt darauf bestehen, daß der Golden ordentlich an der Leine geht. Man versucht dabei, dem Hund die Sache so interessant wie möglich zu gestalten.

Durch Tempowechsel und häufige Richtungsänderungen erhöht man die Aufmerksamkeit des Hundes. Sprechen Sie mit Ihrem Hund, das wird ihn dazu bringen, Sie anzusehen. Wenn die Konzentration des Hundes nachläßt, wird er abgeleint und durch Spielen wieder aufgemuntert. In der ersten Zeit sollte man den Hund nicht zu lange an der Leine halten. Erst nach und nach vergrößert man die Zeiträume und baut mehr und mehr Ablenkungen ein, damit sich diese Übung festigt.

▶ Platz

Das Kommando »Platz« übt man zunächst genauso wie das »Sitz«: wenn der Hund sich von selbst hinlegt, verbindet man diese Handlung mit Lob, wobei man immer wieder betont, wie fein der Hund »Platz« macht. Wenn man nachhelfen muß, kann man dies tun, indem man mit der Hand vor dem Hund auf den Boden tippt, wenn dieser bereits sitzt. Man kann auch ein Leckerchen zu Hilfe nehmen, um den Hund zu bewegen, sich hinzulegen.

Das Platz-Kommando erfordert von dem Hund eine große Unterordnungsbereitschaft. Man kommt sicher nicht umhin, hin und wieder Druck auszuüben, um die Ausführung des Kommandos zu erreichen. Aus diesem Grund sollte man mit der konsequenten Arbeit an diesem Kommando warten, bis der Golden Retriever bereits dem Welpenalter entwachsen ist. Um das Kommando zu unterstützen, hebt man als Handzeichen den Arm, wobei der eigene Körper gerade aufgerichtet bleibt. Auf diese Weise wirkt man größer und flößt dem Hund dadurch mehr Respekt ein.

Wenn es notwendig ist, drückt man mit einer Hand den Hund herunter, indem man ihn auf die Schulterblätter faßt, mit der anderen Hand zieht man ihm vorsichtig die Vorderbeine nach vorn weg. Hierzu ist es erforderlich, daß der Hund sitzt. Diese Art körperlicher Manipulation sollte aber nur in Notfällen angewandt werden, da sie dem Hund sehr unangenehm ist. Viel besser ist es, wenn der Hund die Autorität seines Führers akzeptiert und sich hinlegt, ohne daß man ihn anfassen muß.

Diese Übung sollte der Hund später auch auf den Trillerpfiff hin ausführen.

Das wird dadurch erreicht, daß der Hund dieses Kommando zunächst ohne Trillerpfiff beherrscht. Wenn er dann auf das Platz-Kommando zuverlässig reagiert, fügt man dem verbalen Zeichen den Trillerpfiff hinzu. So lange, bis der Hund auch auf den Trillerpfiff hin zuverlässig »Platz« macht, wird das Kommando durch die Stimme oder durch Körpersprache unterstützt. Erst wenn der Trillerpfiff perfekt befolgt wird, wendet man ihn auch dann an, wenn der Hund nicht mehr direkt neben seinem Führer ist, sondern einige wenige Meter von diesem entfernt. Steigert man dann die Distanz zwischen Hund und Führer langsam, kann man nach und nach erreichen, daß der Hund auch in einer gewissen Entfernung kontrollierbar ist. Das kann dann besonders wichtig werden, wenn der Hund z.B. der Spur eines Kaninchens folgt und dabei gefährlich nahe in Richtung einer befahrenen Straße läuft. Es kann für den Hund lebensrettend sein, wenn man ihn in einer solchen Situation abstoppen kann. Das setzt natürlich unbedingten Gehorsam und die perfekte Umsetzung des Platz-Kommandos voraus. Es versteht sich von selbst, daß das nicht mit einem jungen Hund funktioniert. Um den Golden Retriever hier nicht zu überfordern, sollte man genau abwägen, in welchem Alter man ihm diese Unterordnungsbereitschaft abverlangen kann.

▶ **Bleib**

Auch das Kommando »Bleib« setzt ein gewisses Alter des Hundes voraus. Ein Welpe hat die natürliche Veranlagung, seinem Besitzer bzw. seinem Rudel zu folgen. Das Kommando »Bleib« könnte für ihn also gewissermaßen eine Art Strafe bedeuten. Es ist also auch hier besonders wichtig, den richtigen Zeitpunkt für das Trainieren dieses Kommandos abzuwarten. Erst wenn der Golden ein gewisses Selbstbewußtsein entwickelt hat, wird er in der Lage sein, auch ohne seinen Besitzer einen Moment an einem Ort zu verweilen.

Zunächst trainiert man in vertrauter Umgebung, sie gibt dem Hund Sicherheit. Anfangs ist es am besten, den Hund an der Leine zu halten. Auf diese Weise hat er das Gefühl, mit seinem Führer verbunden zu sein. Zunächst läßt man ihn sitzen. Mit beruhigenden Worten und unter ständigem Augenkontakt entfernt man sich nun zunächst nur ein kleines Stück vom Hund. Bevor er aufsteht, geht man zu ihm zurück und lobt ihn dann kräftig. Nach und nach vergrößert man die Distanz bis zum Ende der Leine und die Dauer bis auf mehrere Sekunden.

Wenn das gut klappt, kann man es ohne Leine versuchen. Zunächst wieder in kürzerer Distanz und über einen kürzeren Zeitraum. Nach und nach vergrößert man die Distanz und die Dauer auch ohne Leine. Anfangs bleibt man im Sichtfeld des Hundes. Später kann man versuchen, um ihn herumzulaufen, so daß er den Führer für einen Moment nicht sehen kann. Wenn auch das perfekt funktioniert und der Hund brav sitzenbleibt, läuft man z.B. um das auf einem Feldweg geparkte Auto herum, so daß man für eine kurze Zeit völlig aus dem Sichtfeld des Golden verschwindet. Später kann man dann eine Weile hinter dem Auto stehenbleiben und die Schwierigkeit für den Hund durch Wechsel des Geländes und durch eine längere Phase, in der man vom Hund nicht gesehen wird, steigern.

TIP

Diese Übung kann auch im Alltag wichtig werden, wenn der Hund z.B. vor einem Geschäft warten soll, bis man einen Einkauf erledigt hat. Es ist hier wichtig, daß man ihn abholt. Das heißt, daß er erst dann wieder aufstehen darf, wenn man zu ihm zurückgekommen ist und ihn dazu aufgefordert hat.

Diese Grundübungen sollte jeder Hund beherrschen. Mit einigen weiteren Beschäftigungsmöglichkeiten für den Golden Retriever befaßt sich das nächste Kapitel. Gleichgültig, welche Kommandos man dem Hund antrai-

Was tun, wenn der Golden nicht gehorcht?

Überprüfen Sie kritisch die Rangordnung im Rudel. Sind Sie wirklich der Rudelführer, oder hat der Hund die Führung übernommen?

Nimmt der Hund Sie ernst, oder halten Sie es hin und wieder nicht für so wichtig, daß er Ihre Kommandos ausführt?

Sind die Kommandos klar und eindeutig?

Geben Sie Kommandos in der Ausbildungsphase wirklich nur dann, wenn der Hund nicht durch eine Ablenkung zum Ungehorsam verleitet werden könnte?

Loben Sie den Hund für erwünschtes Verhalten ausreichend?

niert, wichtig ist, daß man Kommandos nur dann gibt, wenn man auch deren Ausführung erwirken kann. Ein Golden Retriever sollte an das Gehorchen und das Ausführen von Kommandos gewöhnt sein. Das bedeutet, daß für den Hund klar werden muß, daß er gar nicht anders handeln kann, als ein Kommando auch zu befolgen. Erhält der Hund zu viele Kommandos, wird er genausowenig darauf reagieren, wie wenn er gar keine Kommandos erhält. Hat man während des Trainings die Konzentrationsfähigkeit des Hundes überschätzt oder beginnt man mit einer Lektion, noch bevor der Hund die vorhergehende wirklich verstanden hat, sind Mißerfolge vorprogrammiert.

TIP

Jede Übung wird stets vom Hundeführer beendet, niemals vom Hund selbst. So sollte der Hund z.B. nach dem Kommando »Sitz« erst dann wieder aufstehen dürfen, wenn das Kommando durch ein anderes (z.B. »Lauf") aufgehoben wurde.

▶ Ungehorsam

Es liegt immer am Menschen, wenn die Sache mit dem Gehorsam nicht funktioniert – niemals am Hund. Nur der Mensch kann abwägen und beurteilen, wann er seinen Hund überfordert und wann der Hund den Gehorsam verweigert. Die jeweilige Reaktion muß auf die Situation und den Charakter des Hundes abgestimmt sein. Gehorsamkeit hat nichts mit Kunststückchen oder Dressur zu tun, sie ist eine unabdingbare Voraussetzung für ein glückliches Zusammenleben von Hund und Mensch.

Freizeitpartner Golden Retriever

Freizeitpartner Golden Retriever

▶ Umwelt kennenlernen

Gerade während der Welpen- und Junghundezeit sollte man sich gezielt und wohlüberlegt mit dem Golden Retriever beschäftigen. Es ist sehr wichtig, den jungen Hund richtig zu prägen. Er sollte so viele Umwelterfahrungen wie möglich sammeln. Dazu gehören sowohl der Kontakt mit fremden Menschen als auch Erfahrungen mit Restaurants, Bahnhöfen, Fußgängerzonen, Straßenbahnen usw. Es versteht sich von selbst, daß man diese Umweltreize in »homöopathischer Dosierung« auf den jungen Hund einströmen läßt.

In den ersten Wochen sollte man den Hund nicht überfordern. Es reicht völlig aus, wenn er sich im Haus und im Garten aufhält und hin und wieder mit in die Natur genommen wird. In der Zeit nach der Wiederholungsimpfung bis zur siebzehnten oder achtzehnten Lebenswoche, in der der Welpe noch keine Leine kennenlernen soll (siehe Erziehung, Seite 89), hält man sich ausschließlich dort auf, wo ihm nichts passieren kann. Wohnt man in der Stadt, muß man sich die Zeit nehmen, mit ihm ins Gelände zu fahren. Fern von Straßen oder sonstigen gefährlichen Plätzen läßt man ihn laufen und die Gegend erkunden.

Entfernt der Welpe sich zu weit, darf man ihm nicht durch ständiges Rufen vermitteln, daß man noch da ist. Im Gegenteil, man versteckt sich z.B.

TIP

Ein junger Hund wird von sich aus in der Nähe seines Besitzers bleiben. Schließlich würde er sich in Gefahr bringen, wenn er sein Rudel verliert. Diese Zeit sollte man nutzen, um die Bindung des Hundes zu seinem Menschen zu festigen. Der kleine Kerl muß lernen, daß er auf seinen Menschen achten muß, sonst wird der Mensch für den Rest seines Lebens hinter ihm herlaufen.

hinter einem Baum. Bald wird er merken, daß niemand mehr da ist und wird anfangen, nach seinem Besitzer zu suchen. Mit Hilfe seiner Nase wird er die Spur zurückverfolgen und seinen Besitzer finden. Dann ist die Freude groß, und nach einigen wenigen Erfahrungen dieser Art wird er gelernt haben, daß er darauf achten muß, wo sein Besitzer ist.

Nutzen und genießen Sie die Zeit, in der der Welpe noch so klein ist. Er wird schnell älter und damit selbstbewußter. Sein Aktionsradius vergrößert sich und es wird immer schwieriger, ihn an sich zu binden. Daher sollte man diese Zeit nicht ungenutzt verstreichen lassen. Es gibt nichts Traurigeres als einen Hund, der sein Leben lang nicht von der Leine gelassen wird, weil sein Besitzer Angst davor hat, daß er weglaufen könnte.

▶ **Welpenspielgruppen**

Sie sind für einen jungen Hund, der allein, ohne andere Hunde gehalten wird, besonders wichtig. Bei diesen Treffen lernt der junge Hund, wie er sich mit Artgenossen zu verhalten hat. Im Spiel mit Gleichaltrigen wird Sozialverhalten eingeübt. Der junge Golden lernt sich unterzuordnen und kann seine Kräfte messen. Ein Mensch kann, selbst wenn er sich noch so intensiv mit seinem Hund beschäftigt, diese Erfahrungen nicht ersetzen. Es ist wichtig, sich in spielerische Auseinandersetzungen zwischen Welpen nicht einzumischen – es sei denn, man hat es mit einem verhaltensgestörten Hund als Spielpartner des eigenen Welpen zu tun. Die Hunde müssen ihre Emotionen ausleben können.

Bei diesen Welpentreffen hat man außerdem die Gelegenheit, sich mit anderen Hundebesitzern auszutauschen und so eigene Unsicherheiten abzubauen. Der Leiter einer Welpengruppe sollte über fundierte kynologische Kenntnisse verfügen und mit Menschen umgehen können. Nur dann kann er sicher beurteilen, welche Situation welches Handeln erfordert und dem Hundebesitzer wichtige Informationen vermitteln.

Der Sinn einer Welpengruppe ist, neben dem Erlernen sozialen Verhaltens der Welpen untereinander, dem Hundebesitzer eine Anleitung zu geben, wie er spielerisch die ersten Schritte zum Gehorsam seines Hundes geht. Dabei darf der Übungsleiter niemals aus den Augen verlieren, daß sich die jungen Hunde körperlich nicht überfordern. Die Zusammensetzung der Gruppe und die Dauer der einzelnen Übungsstunden müssen diesen Erfordernissen angepaßt werden.

▶ **Körperliche Betätigung**

Die körperliche Belastbarkeit des jungen Hundes ist in den ersten Wochen noch nicht sehr hoch. Seinen Bewegungsdrang befriedigt er ohnehin zur Genüge. Spaziergänge sind mit einem Golden Retriever, der jünger als fünf Monate ist, eher schädlich als nützlich. Bis zum Alter von sieben Monaten sollte man höchstens 15 bis 20 Minuten pro Tag mit dem Hund laufen. Ausgedehnte Spaziergänge sollte man erst dann machen, wenn der Golden ausgewachsen ist. Das ist in keinem Fall unnatürlich. Ein junger Hund, der in freier Wildbahn lebt, bewegt sich in den ersten Lebensmonaten auch nicht sehr weit vom schützenden Bau weg. Das Rudel paßt seine Lebensgewohnheiten der Belastbarkeit der Welpen an. Nur einige Mitglieder des Rudels gehen zur Jagd und bringen die Beute zum Bau, während die Mutter mit ihren Welpen in der Nähe des Baus bleibt.

Es hat also nichts mit der Degeneration von Rassehunden zu tun, daß man einen jungen Golden nicht ständig dazu animieren soll zu laufen. Auch wenn es sehr verlockend ist, nach einer ausgiebigen Wanderung einen müden kleinen Hund zu haben, der im Haus keinen Unsinn mehr anstellt – auf die

Seine ursprüngliche Verwendung findet der Golden Retriever bei der Jagd. Er wurde in erster Linie zum Apportieren von Niederwild gezüchtet.

Und auf das Kommando »Apport« geht's los ...

Dauer gesehen, macht man nur einen kleinen Bodybuilder aus ihm, der selbst nach einem zweistündigen Spaziergang noch fragt: »Und was machen wir jetzt?« Ein aktiver, gesunder Golden Retriever verschafft sich genug Bewegung.

Auch später ist ein Retriever zufriedener, wenn er während eines Spazierganges auch geistig und nicht nur körperlich gefordert wird. Als Apportierhund besteht seine Hauptaufgabe darin, eine Beute zu finden und sie seinem Führer zuzutragen.

TIP

Man kann den Spaziergang abwechslungsreich gestalten, wenn man dem Golden kleine Aufgaben stellt. Z.B. kann man Tennisbälle oder Dummys verstecken oder auf dem Weg liegen lassen, die der Hund suchen und bringen soll.

Das Spiel mit Stöckchen sollte man unterlassen. Die Verletzungsgefahr für den Hund ist enorm groß. Es sind schon Hunde zu Tode gekommen, die einen Stock apportieren wollten, der senkrecht im Waldboden steckte. Wenn der Hund mit offenem Fang auf den Stock zurennt, kann es passieren, daß der Stock sich durch den Rachen des Hundes hindurchbohrt.

Auch das Apportieren aus dem Wasser ist eine große Freude für jeden Retriever. Schwimmen ist außerdem eine gesunde und belastungsfreie Art der Bewegung. Es kräftigt die Muskeln, ohne den Gelenken zu schaden. Wann immer sich die Gelegenheit bietet, sollte man dem Golden Retriever die Möglichkeit zum Schwimmen geben. In der kühleren Jahreszeit muß man aber darauf achten, daß der Hund in Bewegung bleibt, wenn er naß ist, damit er sich nicht erkältet.

Angeleint neben dem Rad zu laufen oder mit einem angeleinten Hund zu joggen, bringt dem Hund keinen Spaß. Einen Spaziergang nutzt der Hund viel lieber dazu, ausgiebig zu schnüffeln. Das kann er aber nur dann tun, wenn er selbst das Tempo bestimmen kann, wenn er Zeit hat, mal stehen zu bleiben und mal wie aufgezogen loszurennen. Auf die Frage hin, ob ein Retriever auch am Fahrrad laufen kann, antwor-

Er apportiert zuverlässig auf dem Land ...

... und aus dem Wasser.

tete mal ein Tierarzt: »Das kann er sicher, wenn er gesund ist, aber was hat er davon?«

▶ Apportieren

Das Apportieren ist die Leidenschaft des Golden Retrievers. Bereits mit dem jungen Retriever sollte man gezielte Apportierspiele machen. Es ist dabei wichtig, den Beute- und besonders den Bringtrieb zu fördern. Wann immer also der Retriever etwas bringt, muß man ihn dafür loben. Auch wenn es etwas ist, das man selbst nicht so appetitlich findet.

▶ TIP
Über jede Beute, die der Retriever seinem Führer zuträgt, muß man sich freuen, als hätte er einen 1000 DM-Schein gefunden.

Auch wenn man zunächst nicht vorhat, mit dem Hund jagdlich zu arbeiten oder ihn anderweitig auszubilden, sollte man sich zumindest die Möglichkeit offenlassen. Es gab schon viele Retrieverbesitzer, die den Hund zunächst »nur« als Familienhund haben wollten und erst nach und nach feststellten, daß sie viel Spaß daran haben, mit ihrem Hund auch weitergehend zu arbeiten. Nicht zuletzt die Freude des Hundes an der Arbeit hat viele dazu gebracht, sich mit dem Thema Dummy-Arbeit zu beschäftigen oder sogar einen Jagdschein zu machen. Im Rahmen dieses Buches ist es leider nicht möglich, im Detail auf das Apportiertraining oder die jagdliche Ausbildung einzugehen. In der Literaturliste im Anhang dieses Buches finden Sie hierzu einige interessante Bücher.

▶ Geeignete Ausbildungen

Auch die Rettungshundearbeit hat viel mit Fährtenarbeit zu tun, für die der Hund einen guten Beute- und Spürtrieb braucht. Rettungshundearbeit ist somit auch ein gutes Betätigungsfeld für den Golden Retriever.

Seine ursprüngliche Verwendung findet er jedoch in der Jagd. Der Golden Retriever ist ein Spezialist für die Arbeit nach dem Schuß und damit für das Aufspüren und Bringen von geschossenem Wild.

▶ TIP
Die jagdliche Ausbildung eines Golden Retrievers ist aber nur dann sinnvoll, wenn der Hund später auch jagdlich eingesetzt werden kann. Zumindest sollte er nach einer Ausbildung zum Jagdhund und nach der Teilnahme an einer Prüfung auch später hin und wieder die Möglichkeit haben, eine Schleppe oder eine freie Verlorensuche zu arbeiten.

Es versteht sich von selbst, daß man bei der Ausbildung seines Hundes nicht das frei lebende Wild in Wald und Flur stören darf. Man sollte also in jedem Fall den zuständigen Jagdpächter oder Förster um Erlaubnis fragen, wenn man im Revier mit seinem Hund arbeiten will. Daß der Hund sich auch auf einem Spaziergang so verhalten muß, daß das Wild nicht gestört wird, muß hier sicher nicht erläutert werden. Die Beschäftigungsmöglichkeiten mit dem Retriever sind vielfältig. Man sollte allerdings nicht versuchen, mit dem Retriever Dinge zu unternehmen, für die er von Hause aus nicht geschaffen

Ausbildungen für den Golden

☐ Bei der Jagd für die Arbeit nach dem Schuß, also Schleppen, freie Verlorensuche im Wasser und zu Land, Einweisen, Schweißarbeit

☐ Bei der Dummyarbeit: freie Verlorensuche, Markieren, Einweisen (sowohl im Wasser als auch zu Land)

☐ Begleithundetraining, wobei Grundgehorsam nicht nur im Alltag notwendig ist, sondern auch die Vorbedingung zu jeder weiterführenden Ausbildung darstellt

☐ Rettungshundeausbildung

☐ Blindenhundeausbildung

☐ Fährtenhundausbildung

ist. Schutzhundearbeit ist mit einem Golden nicht möglich, da hier Veranlagungen erforderlich sind, die er nicht hat.

Auch Agility, also die Bewältigung eines Geschicklichkeitsparcours auf Zeit, ist nicht für einen Retriever geeignet. Zum einen ist er für diese Sportart zu schwer und nicht wendig genug. Man wird hier also sicher keine wirklich guten Leistungen mit ihm erzielen. Zum anderen ist gerade für den jungen Retriever dieser Sport eine zu große Belastung für die Knochen und Gelenke.

Die Entscheidung, einen Hund einer bestimmten Rasse in die Familie aufzunehmen, sollte auch unter diesem Gesichtspunkt getroffen werden. Es gibt sehr viele verschiedene Hunderassen mit unterschiedlichen Anlagen. Die Entscheidung für eine bestimmte Rasse sollte nicht nur nach äußeren Kriterien getroffen werden. Die natürlichen Anlagen eines Hundes, die man nicht verändern kann, müssen Hauptkriterium für die Entscheidung sein, welcher Hund am besten zu den eigenen Ansprüchen und Vorstellungen paßt.

▶ **Urlaub**

Bei der Wahl des Urlaubsziels sollte man der Herkunft des Golden Retriever Rechnung tragen: Reisen in südliche Länder sind für einen ihn kein Vergnügen. Die Hitze in den südlichen Breitengraden verträgt er nicht besonders gut. Aus diesem Grund sollte man einen Urlaub besser in nördlichere Regionen planen.

Flugreisen mit einem Hund sollte man am besten überhaupt nicht machen. Der Golden wird im Flugzeug in einer Box im Laderaum »verstaut«. Diese Prozedur ist für den Hund äußerst belastend. Eine Flugreise ist für den Hund also in keinem Fall ein Vergnügen.

▶ **TIP**

Sprechen Sie auch den Züchter Ihres Hundes an. Vielleicht kann er selbst den Hund aufnehmen, möglicherweise haben auch andere Teilnehmer einer Retrievergruppe Gelegenheit, während des Urlaubes Ihren Hund zu betreuen.

Golden Retriever züchten

Golden Retriever züchten

▶ Vorher überlegen

Beim Kauf eines Welpen ist man sich in der Regel noch nicht darüber im Klaren, ob man einmal mit diesem Hund züchten will oder nicht. Menschen, die einen Rassehund mit dem Ziel erwerben, mit ihm zu züchten, sind entweder nur unzureichend über die zahlreichen Zuchtbestimmungen und Anforderungen an einen Zuchthund informiert, oder sie schätzen den Hund als Lebewesen vollkommen falsch ein.

In erster Linie sollte der Hund als neues Familienmitglied gesehen werden. Selbst wenn er später einmal einen zuchtausschließenden Fehler aufweist, sollte er einem genauso lieb sein, wie wenn alle Zuchtzulassungsvoraussetzungen erfüllt sind.

Wird ein Hund für die Zucht erworben, drängt sich zunächst die Frage auf, was sein wird, wenn er dann später nicht zuchttauglich sein sollte? Wird er dann weniger geliebt oder gar abgegeben, spricht das nicht gerade für die charakterliche Eignung seines Besitzers als Züchter. Die Liebe zur Kreatur zeichnet in erster Linie den wirklichen Züchter aus. Menschen, die einen Hund nur als »Zuchtmaterial« sehen, sind nicht nur als Züchter, sondern auch als Hundehalter mehr als fraglich.

In den meisten Fällen entwickelt sich der Gedanke, den eigenen Golden zu Zuchtzwecken einzusetzen, erst dann, wenn der Hund bereits etwas älter geworden ist. Häufig fehlt es dem Hundebesitzer jedoch bei der Beurteilung der Qualitäten seines eigenen Hundes an der nötigen Objektivität. Nur zu gern hört er von Nachbarn oder Bekannten, wie ausnehmend schön und liebenswert der Hund ist. Wenn dann auch noch der Tierarzt erzählt, daß eine Hündin für ihr körperliches Wohlbefinden einmal einen Wurf gehabt haben sollte (inzwischen ist allerdings wissenschaftlich nachgewiesen, daß Hündinnen, die einen Wurf aufgezogen haben, genauso häufig an Gesäuge- oder Gebärmutterkrebs erkranken wie solche, die keine Welpen hat-

Aufgeweckte, gesunde, freundliche Hunde sind eines der Ziele eines Züchters.

ten), ist nicht selten der Gedanke geboren, einmal einen Wurf aufzuziehen.

Diese Gedankengänge und Argumente sind zwar verständlich, aus solchen Erwägungen heraus jedoch Welpen aufzuziehen, ist völliger Unsinn. Bei der Hundezucht sollten sachliche Erwägungen im Vordergrund stehen. Für Gefühlsduselei ist hier kein Platz.

Auch der Gedanke, sich ein finanzielles Polster durch die Aufzucht eines Wurfes zu verschaffen, ist absurd. Auch wenn man nur einen einzigen Wurf aufzieht, ist man Züchter mit aller Verantwortung, die dazu gehört. Und wenn man verantwortungsvoll züchtet, ist der Erlös aus dem Verkauf der Welpen in der Regel nicht einmal kostendeckend. Selbst wenn bei der Geburt und während der Aufzucht der Welpen alles ohne Komplikationen abläuft, ist die Aufzucht eines Wurfes mitunter ein finanzielles Zuschußgeschäft. Seriöse Hundezucht ist immer mit einem erheblichen finanziellen Aufwand verbunden.

▶ TIP

Die Satzungen seriöser Zuchtverbände schließen die Zucht aus gewerblichen und kommerziellen Gründen sogar aus, und die Zuchtbestimmungen dieser Verbände sind so ausgelegt, daß der Schutz der zur Zucht verwendeten Hunde und des entstehenden Lebens an oberster Stelle steht.

▶ Zuchtzulassung

Die Regularien des Deutschen Retriever Clubs z.B. schreiben zahlreiche Voraussetzungen für die Zuchtzulassung eines Hundes vor. Einige der defi-

nierten zuchtausschließenden Fehler kann man bereits beim Welpen erkennen: So schließen z.B. schwarze Flecken im Fell einen Golden Retriever von der Zucht aus. Ebenso das Vorhandensein einer Knickrute (es handelt sich hierbei um die Deformation eines Schwanzwirbelkörpers), eines Entropiums oder eines Ektropiums (ein nach innen oder nach außen gerolltes Augenlid) oder eine Fehlstellung des Gebisses, z.B. Vorbiß, Rückbiß oder Kreuzbiß, die erbliche Ursachen haben. Ein oder gar beide nicht abgestiegene Hoden machen einen Rüden ebenfalls zuchtuntauglich, auch wenn er durchaus zeugungsfähig wäre.

Bei der Wurfabnahme wird ein Welpe bereits in der achten Lebenswoche von einem Beauftragten des Zuchtvereins im Hinblick auf diese Kriterien untersucht.

Die Ergebnisse dieser Untersuchung werden im Wurfabnahmebericht vermerkt. Der Verdacht auf das Vorliegen eines dieser Fehler macht den Hund bereits als Welpen zuchtuntauglich und führt zu einem entsprechenden Eintrag in der Ahnentafel. Dieser Eintrag wird ggf. erst dann wieder gelöscht, wenn ein entsprechendes Attest eines Tierarztes vorgelegt werden kann, das das Vorhandensein dieses Fehlers widerlegt. Lediglich bei nicht abgestiegenen Hoden erfolgt kein Eintrag in der Ahnentafel.

▶ TIP

Manchmal sind die Hoden zum Zeitpunkt der Wurfabnahme noch nicht im Skrotum zu tasten; der Abstieg kann aber noch bis zur zwölften Lebenswoche oder auch noch später erfolgen.

Von cremefarben bis dunkelgolden entsprechen alle Farbvariationen dem Rassestandard. Ein Golden Retriever darf alle Schattierungen, die dazwischen liegen, haben.

Monate alt sein. Bereits im Gesundheitskapitel wurde die Einteilung der verschiedenen HD- bzw. ED-Grade erläutert (Seite 69 und 73). Ein Hund kann bis einschließlich HD-C2 bzw. ED-Grad I eine Zuchtzulassung erhalten. Bei HD-C1 und HD-C2 erhält er die Auflage, nur mit einem Partner gepaart zu werden, der selbst HD-A oder HD-B hat. Das ED-Ergebnis »Grad I« führt zu der Auflage, nur mit einem ED-freien oder einem Hund mit ED-Grenzfall gepaart zu werden.

Die **Augenuntersuchung**, bei der der Hund auf PRA, RD und HC untersucht wird, muß alle zwölf Monate wiederholt werden. Selbst ein zweifelhafter Befund schließt den Hund von der Verwendung zur Zucht aus (siehe Seite 74).

Ebenfalls im Alter von mindestens zwölf Monaten kann der Golden bei einer **Formwertbeurteilung** vorgestellt werden. Hier wird er vom äußeren Erscheinungsbild her beurteilt. Er wird vermessen, das Gebiß wird kontrolliert, das Vorhandensein der Hoden im Skrotum des Rüden wird geprüft. Alle äußerlich erkennbaren Merkmale fließen in die Formwertnote ein. Um zur Zucht zugelassen zu werden, muß der Hund mindestens die Formwertnote »Sehr Gut« erhalten.

Wird der Golden älter, können nach und nach die anderen Untersuchungen und Prüfungen durchgeführt werden, die zur Erlangung einer Zuchtzulassung vorgeschrieben sind. Für viele dieser Prüfungen ist ein Mindestalter vorgeschrieben.

Frühestens im Alter von neun Monaten kann der Golden bei einem **Wesenstest** vorgestellt werden. Hier wird in verschiedenen gestellten Situationen getestet, ob sich der Golden Retriever übertrieben ängstlich oder aggressiv zeigt. Im Kontakt mit fremden Menschen, mit seiner Besitzerfamilie und auch gegenüber verschiedenen optischen und akustischen Einflüssen und beim Schuß muß er sich stets freundlich und ausgeglichen zeigen. Ein Retriever, der sich beim Wesenstest nicht rassetypisch verhält, kann zur Zucht nicht verwendet werden.

Für die Untersuchung auf **HD** und **ED** muß der Hund mindestens zwölf

Erfüllt der Hund alle Voraussetzungen, kann beim Zuchtverein die Zuchtzulassung beantragt werden. Für einen Rüdenbesitzer sind damit fast alle Hürden genommen. Er hat nun nur noch zu beachten, daß eine eventuelle Zuchtpartnerin seines Rüden ebenfalls eine Zuchtzulassung haben muß. Außerdem muß einer der Zuchtpartner eine Prüfung nachweisen, die über den Wesenstest hinausgeht (z.B. eine Begleithundeprüfung oder eine Jagdprüfung).

Für den Besitzer einer Hündin sind damit noch lange nicht alle Vorbereitungen für den ersten Wurf getroffen. Auch die Bedingungen für die Aufzucht der Welpen werden von einem Beauftragten des Vereins in Augenschein genommen und müssen bestimmten Anforderungen des Vereins genügen. Die Welpen-

Nur Hunde, deren Äußeres dem Rassestandard entspricht, können zur Zucht zugelassen werden.

Voraussetzungen für die Zuchtzulassung

☐ VDH- bzw. FCI-anerkannte Ahnentafel

☐ Wesenstest

☐ HD-Grad A bis C

☐ ED-Grad frei bis Grad I

☐ frei von PRA, HC und RD

☐ Formwertnote SG oder V

☐ Nachweis der Schußfestigkeit

☐ ein Zuchtpartner muß eine Prüfung nachweisen, die über den Wesenstest hinausgeht

☐ Teilnahme des Züchters an zwei Fortbildungsveranstaltungen

☐ Zwingererstbesichtigung

☐ Beantwortung des Fragebogens

☐ Eintragung eines geschützten Zwingernamens

aufzucht soll zuerst mit engem Familienanschluß erfolgen. Der Raum für die Unterbringung der Welpen und der Außenauslauf müssen eine Mindestgröße aufweisen. An die Wurfkiste, den Bodenbelag, Spielzeug und Versteckmöglichkeiten für die Welpen werden bestimmte Anforderungen gestellt. Die Abzäunung des Außenauslaufes muß so beschaffen sein, daß die Welpen und die Hündin sich nicht verletzen können.

Der Züchter selbst muß die Teilnahme an zwei Fortbildungsveranstaltungen nachweisen können und in der Lage sein, einen Fragebogen zum Thema Zucht zu beantworten. Alle diese äußeren Bedingungen sind in den Ordnungen des jeweiligen Vereins und des VDH festgeschrieben. Über diese Mindestanforderungen hinaus ist ein Züchter aber nur dann ein guter Züchter, wenn er mit Engagement und Liebe zur Kreatur an diese verantwortungsvolle Aufgabe herangeht. Es geht bei der Zucht von Hunden nicht nur um die Aufzucht der Welpen und ein sauberes Wurflager. Die Planung des Wurfes, die Auswahl der Zuchtpartner und der späteren Welpenkäufer ist genauso wichtig wie die Prägung der jungen Hunde und die wirklich objektive

Begutachtung der eigenen Hündin bzw. des eigenen Rüden.

Welpen brauchen zu einer gesunden Entwicklung die ganze Fürsorge des Züchters.

▶ **Verantwortung des Züchters**

Ein Hund eignet sich nicht automatisch dann zur Zucht, wenn alle Voraussetzungen, die vom Verein vorgeschrieben werden, gerade einmal so erfüllt sind. Es handelt sich bei diesen Vorgaben immer nur um Mindestanforderungen. Der Verantwortung des Züchters obliegt es, zu entscheiden, ob der eigene Hund wirklich so gut ist, daß er die Anlagen der Rasse zu erhalten und zu verbessern in der Lage ist. Dazu gehört auch die kritische Kontrolle des Nachwuchses. Eventuell stellt man nach einem oder zwei Würfen fest, daß die Nachkommen sich nicht so gut entwickelt haben oder möglicherweise sogar Krankheiten aufweisen. Es kann dann nicht im Interesse der Rasse sein, nach Gründen zu suchen, warum die Hündin oder der Rüde trotzdem in der Zucht verbleiben müssen.

Nur durch fundierte Kenntnisse über die Vorfahren des eigenen Golden kann man Aussagen über die genetischen Anlagen des Hundes treffen. Dies gilt genauso für den möglichen Zuchtpartner: Die richtige Auswahl des geeigneten Deckrüden kann nicht nach Kriterien wie z.B. Sympathie zum Besitzer des Rüden oder einer möglichst kurzen Anreise zu dessen Wohnort erfolgen. Ohne ein Mindestmaß an Wissen über Genetik und Erbanlagen bestimmter Zuchtlinien ist jede Form von Zucht zum Scheitern verurteilt.

Die Verantwortung gegenüber der eigenen Hündin, gegenüber den Welpen und gegenüber den neuen Hundebesitzern ist enorm groß. Der Verkauf eines kranken oder nicht wesensfesten Hundes kann die gesamte Besitzerfamilie unglücklich machen. Auch wenn man nur einen einzigen Wurf machen möchte: man ist Züchter mit aller Verantwortung, die dazu gehört. Der Züchter ist für die neuen Hun-

▶ **TIP**

Wenn man züchtet, tut man das nicht, um Hunde zu vermehren oder um das schöne Erlebnis der Geburt oder der Welpenaufzucht gehabt zu haben. Das Ziel der Zucht muß es sein, die positiven Eigenschaften einer Rasse zu erhalten. Schließlich sollen auch in zwanzig Jahren noch Retriever gezüchtet werden, die die spezifischen Eigenschaften dieser Rasse besitzen. Verwässert man diese Erbanlagen mit nur durchschnittlichen Hunden, die vielleicht auch noch kleine Fehler aufweisen, handelt man nicht im Interesse der Rasse, sondern lediglich aus Eigennutz.

debesitzer Ansprechpartner in allen Fragen der Hundehaltung, Erziehung, Ernährung usw. Die Aufgabe des Züchters endet nicht mit der Abgabe der Welpen. Noch jahrelang muß man Willens und in der Lage sein, mit Rat und Tat an der Seite des Hundebesitzers zu stehen. Stundenlange Beratungen am Telefon, Welpentreffen und Ausbildungskurse sowie Hilfestellung bei gesundheitlichen Problemen sind nur ein Teil der manchmal sogar seelsorgerischen Pflichten eines Züchters.

Auch Kritik am eigenen Nachwuchs muß man verkraften und für die Zukunft in die eigene Zuchtplanung mit einfließen lassen können. Nicht jeder neue Hundebesitzer ist immer nur glücklich mit seinem Hund. Manchmal stellt er sich sogar als nicht so geeigneter Hundehalter heraus, der die guten Anlagen des Hundes verdirbt. Hunde züchten ist also nicht immer ein Vergnügen.

Ist man nun davon überzeugt, daß die eigene Hündin eine überdurchschnittlich gute Vertreterin ihrer Rasse ist und daß man selbst die nötige physische und psychische Konstitution mitbringt, um wirklich ein guter Züchter zu sein, sind alle vereinsinternen Voraussetzungen erfüllt und ist man in der Lage, für die nächsten Monate die eigenen Bedürfnisse hinter die Bedürfnisse der Hunde und der Welpenkäufer zurückzustellen, und hat man auch noch genügend Zeit und Geld, sich den Anforderungen der Welpenaufzucht zu stellen, so kann man überlegen, ob man es angeht.

Selbstverständlich muß die gesamte Familie mitziehen. Wenn ich einen Wurf Welpen aufziehe, bleibt mir in der Regel keine Zeit mehr, meinen Haushalt gut zu führen. Warme Mahlzeiten gibt es dann nur noch selten, oft ist kein gebügeltes Hemd mehr im Schrank, und ständig belagert Besuch unser Wohnzimmer. Das stellt die Nerven der gesamten Familie auf die Probe.

▶ Zuchtplanung

Bereits bevor die Hündin läufig wird, macht man sich Gedanken über den geeigneten Deckrüden. Man sammelt Daten über mögliche Nachkommen der in Frage kommenden Rüden, informiert sich über seine Geschwister und Verwandten, fährt von einer Ausstellung zur nächsten und zu zahlreichen Prüfungen, um den geeigneten Partner für die eigene Hündin zu finden. Gespräche mit dem Zuchtwart des Vereins und mit vielen anderen Züchtern treiben die Telefonkosten in die Höhe und kosten viel Zeit.

Wenn man dann endlich einen geeigneten Rüden gefunden hat, schickt man dem Besitzer die Unterlagen der Hündin und fragt nach, ob dieser mit dem evtl. Deckakt einverstanden wäre. Auch die Höhe der Decktaxe muß noch geklärt werden. Hin und wieder erhält man hier auch eine Absage, weil dem Rüdenbesitzer die Qualität der Hündin nicht ausreichend erscheint.

Ist man einig geworden, informiert man den Deckrüdenbesitzer, wenn die Läufigkeit der Hündin einsetzt. Beim Tierarzt läßt man anhand von Scheidenabstrichen feststellen, ob die Hündin evtl. Bakterien hat, die den Rüden gefährden oder eine Befruchtung möglicherweise verhindern könnten. Es sollte auch eine Untersuchung des Rüden vorgenommen werden, wenn man hier ein Risiko für beide Partner ausschließen will.

▶ **Deckakt**

Anhand eines Progesterontests kann man den optimalen Deckzeitpunkt bestimmen lassen. Zu diesem Zweck wird der Hündin ca. vom fünften Tage der Läufigkeit an im Abstand von ein oder zwei Tagen Blut abgenommen. Mit einem Farbtest kann der Tierarzt bestimmen, wann es Zeit ist, zum Rüden zu fahren. Da der Progesterongehalt nicht linear ansteigt, muß man ständig reisebereit sein. Die Hündin legt ihre befruchtungsfähigen Tage in der Regel nicht auf das Wochenende. Es hat sowohl schon am 6. Tag der Läufigkeit, wie auch erst am 21. Tag erfolgreiche Deckakte gegeben. Manche Hündin läßt sich nur wenige Stunden lang erfolgreich belegen, andere wiederum »stehen« mehrere Tage lang.

Nicht immer, wenn der Tierarzt der Meinung ist, daß der richtige Tag gekommen ist, meinen das die Hunde auch. Mancher Hündinnenbesitzer hat schon eine ganze Woche lang seine Hündin dem Rüden vorgestellt, ohne daß dieser Interesse an ihr gezeigt hätte. Das kann die Nerven der Hundebesitzer erheblich strapazieren. Wenn man mehrere hundert Kilometer zum Rüden fahren muß, sollte man sich auf einige Übernachtungen einrichten. Ein Deckakt ist selten innerhalb weniger Minuten vollzogen. Selbst wenn man am richtigen Tag beim Rüden eintrifft, dauert es oft mehrere Stunden, bis der Deckakt dann stattfindet. Durch intensives Spiel lernen sich die Partner kennen, und manche Hündin akzeptiert den Rüden erst, wenn dieser sie lange umworben hat. Gerade unerfahrene Hündinnen machen es dem Rüden manchmal nicht leicht. Diese Prozedur ist körperlich für die Hunde sehr anstrengend. Es kann notwendig werden, sie zu trennen, damit sie wieder neue Kraft sammeln können.

Ist der Penis des Rüden in die Vulva der Hündin eingedrungen, beginnen die Schwellkissen in der Scheide der Hündin und die Schwellkörper am Penis des Rüden, sich mit Blut zu füllen. Es kommt zum sogenannten »Hängen«, das einige Zeit dauern kann. In diesem Stadium kann man die Hunde nicht mehr trennen, ohne sie dabei zu verletzen. Man sollte die Hündin festhalten und beruhigend streicheln, damit sie nicht zur Seite springen und den Rüden verletzen kann. Gerade unerfahrene Hündinnen können in dieser Situation unkontrolliert reagieren. Während des »Hängens« ejakuliert der Rüde. Nach ca. 15 bis 20 Minuten oder auch später lösen sich die Hunde dann wieder voneinander.

In der Regel wird man das Decken nach ein bis zwei Tagen wiederholen, um sicherzugehen, die befruchtungsfähige Zeit der Hündin wirklich abgedeckt zu haben. Das Sperma des Rüden ist nur für wenige Tage lebensfähig. Die in die Eileiter absteigenden Eizellen werden dann von den vorhandenen Spermien befruchtet.

> **TIP**
>
> *Nicht alle Eizellen springen am selben Tag, aus diesem Grund ist es möglich, daß die Hündin in einem Wurf Welpen von verschiedenen Vätern hat. Man sollte also nach einer erfolgten Belegung unbedingt darauf achten, daß sich die Hündin nicht noch mit einem anderen Rüden »vergnügt«, um später nicht eine böse Überraschung zu erleben.*

die Bewegung der Föten spüren. Die Zahl der zu erwartenden Welpen kann man jedoch weder am Bauchumfang der Hündin noch durch die Ultraschalluntersuchungen mit Sicherheit feststellen. Hier muß man sich einfach überraschen lassen.

Die Wurfkiste wird bald zu klein. Diese fünf Wochen alten Welpen wollen die große weite Welt erkunden.

▶ Geburt

Ca. 63 bis 65 Tage nach der Belegung ist mit der Geburt der Welpen zu rechnen. Einige Tage Abweichung sind jedoch möglich. Auch hier wird die Geduld des Züchters auf eine harte Probe gestellt. Solange die Hündin sich offensichtlich wohlfühlt, ist jedoch kein Anlaß zur Sorge gegeben.

Normalerweise frißt die Hündin am Tag vor der Geburt nicht mehr. Sie wird zunehmend unruhig, scharrt Löcher im Garten und will ständig zum Gassigehen ausgeführt werden. Ist sie draußen, will sie sofort wieder hinein. Sie braucht jetzt die volle Aufmerksamkeit ihres Besitzers und darf auf keinen Fall mehr alleingelassen werden.

Einige Stunden vor der Geburt beginnt sie zu hecheln. Diese Phase kann sehr beunruhigend für den Besitzer sein und unterschiedlich lange andauern. Vielleicht verliert sie bereits jetzt etwas Fruchtwasser. Solange die abgehende Flüssigkeit klar ist, besteht kein Grund zur Sorge. Ist sie jedoch grün, sollte bald die Geburt stattfinden. Sonst unbedingt zum Tierarzt!

Beginnt die Hündin zu pressen, macht sich das durch stöhnende Geräusche bemerkbar. Man kann sehen, wie sich der Bauch der Hündin zusammenzieht. Es kann aber mehrerer kräftiger Preßwehen bedürfen, bis der erste Welpe geboren wird. Die Abstände zwischen den Geburten der ein-

▶ Trächtigkeit

Im Laufe der nächsten Tage steigen die befruchteten Eizellen zur Gebärmutter ab. Die Einnistung in die Gebärmutterschleimhaut erfolgt erst etliche Tage nach der Befruchtung.

Die Läufigkeit der Hündin geht nach dem Deckakt in der Regel normal weiter; aus einem plötzlich verschwindenden Scheidenausfluß kann man nicht auf eine erfolgreiche Befruchtung schließen. Möglicherweise zeigt die Hündin jetzt eine Veränderung ihres Verhaltens, aber auch das ist kein sicheres Zeichen für eine erfolgreiche Paarung.

Erst ca. 28 bis 30 Tage nach dem Decken kann man mittels Ultraschalluntersuchung feststellen, ob der Deckakt erfolgreich war. Die ungeduldigen Anrufe von Welpeninteressenten in dieser Zeit machen das Warten auf das Ergebnis nicht gerade leichter. Nicht jeder Deckakt führt schließlich auch zu Welpen; die Gründe für das »Leerbleiben« einer Hündin können vielfältig sein. Nach ca. fünf bis sechs Wochen, manchmal auch erst später, kann man die zunehmende Leibesfülle der Hündin erkennen. Ab der achten Trächtigkeitswoche kann man durch Auflegen der Hand auf den Bauch der Hündin

zelnen Welpen können unterschiedlich lang sein. Eine komplette Geburt zieht sich über mehrere Stunden hin. Bei der Geburt des ersten Welpen schreien manche Hündinnen und sind von der unbekannten Situation irritiert. Man sollte sie jetzt beruhigen.

▶ TIP

Ein nervöser Züchter hilft niemandem, am wenigsten der Hündin. Wenn man selbst keine Erfahrung hat, muß man einen erfahrenen Züchter bitten, bei der Geburt dabei zu sein. Das gibt einem selbst mehr Sicherheit.

Die möglichen Komplikationen bei einer Geburt sind zahlreich und es würde zu weit führen, hier alle aufzuzählen. Jede Geburt ist ein Risiko für die Welpen und auch für die Gesundheit und das Leben der Hündin selbst. Nicht selten kommt es gerade bei unerfahrenen Züchtern sogar zu Kaiserschnitten bei der Hündin, manchmal muß sie sogar bei der Geburt ihr Leben lassen. Die Geburt toter Welpen ist leider auch keine Seltenheit. Die Natur »produziert« ihren Nachwuchs im Überschuß, und in freier Wildbahn überleben gerade bei Mehrlingswürfen nur die kräftigsten Nachkommen.

▶ Welpenaufzucht

Die Sorge, die der Züchter hat, wird jedoch auch nach der Geburt der Welpen nicht geringer. Die Aufzucht erfolgt nicht immer reibungslos. Die Welpen sind gerade in der ersten Zeit besonders anfällig für Infektionskrankheiten; die Gewichtszunahme erfolgt nicht immer regelmäßig, und Parasiten wie z.B. Würmer können die Gesundheit der Welpen bedrohen.

Nicht jede Hündin ist immer eine gute Mutter. Wenn sie ihre Welpen z.B. nicht regelmäßig putzt, können sie weder Kot noch Urin absetzen. Erst die Massage des Welpenbauches durch die Zunge der Mutter löst diesen Reflex aus. Übernimmt die Mutterhündin diese Aufgabe nicht, können die Welpen sehr schnell sterben. Es kann daher notwendig werden, daß der Züchter hier eingreift und die Massage übernimmt. Mindestens alle zwei Stunden, Tag und Nacht, müssen die Welpen massiert werden. Hat die Hündin nicht genügend Milch, muß man, ebenfalls in diesem Rhythmus, die Welpen mit einer Pipette mit Welpenmilch aus dem Zoofachhandel versorgen. Das kann ein Fulltime-Job werden, und die Überlebenschancen der Welpen sind auch bei guter Pflege ohne die Mutter nicht sehr hoch.

Geht alles glatt, muß der Züchter in der ersten Zeit hauptsächlich für die Sauberkeit des Wurflagers und die ausreichende Ernährung der Mutter sorgen und die Gewichtszunahme der Welpen täglich kontrollieren.

Je nach Anzahl der Welpen und Konstitution der Mutterhündin beginnt man früher oder später damit, die Wel-

▶ TIP

Man sollte die kleine Familie nicht unbeaufsichtigt lassen. Auch wenn die Welpen still und zufrieden sind, kann es jederzeit passieren, daß sich die Hündin unbeabsichtigt auf einen Welpen legt und diesen erdrückt. In den ersten Wochen sollte der Züchter also in der Nähe der Wurfkiste bleiben, auch nachts.

pen zuzufüttern. Spätestens ab der vierten Lebenswoche wird dieses Hobby sehr arbeitsintensiv. Die Welpen beginnen jetzt mehr und mehr, ihre Umwelt wahrzunehmen und ihr Aktionsradius wird von Tag zu Tag größer. Sie beginnen zu laufen und zu spielen und müssen jetzt ihrem Alter entsprechend auf ihre Umwelt geprägt werden: Nach und nach bringt man sie mit verschiedenen Geräuschen, unterschiedlichen Menschen und zahlreichen optischen Signalen in Kontakt. Sie sollen lernen, sich im Wohnraum zu bewegen, verschiedene Bodenbeläge und das Mobiliar zu entdecken. Auch an das Autofahren muß man sie gewöhnen. Später unternimmt man auch kleinere Ausflüge in die Natur.

Es ist nun also nicht mehr damit getan, ihnen nur die Krallen zu schneiden und sie zu wiegen, zu entwurmen und zu füttern und ihren Auslauf sauber zu halten. Sie fordern jetzt mehr und mehr den ganzen Menschen als Spiel- und Sozialpartner.

Parallel dazu mehren sich die Besuche der Welpenkäufer. Ist man in der glücklichen Lage, bereits für jeden Welpen einen geeigneten Käufer gefunden zu haben, kann man die Zahl der Besuche wenigstens überschauen. In der Regel besucht jeder Welpeninteressent den Wurf einmal pro Woche, bei einem Wurf von sieben Welpen hat man also täglich Besuch. Das bedeutet Kaffee kochen, mehrere Stunden lang Fragen beantworten und Ratschläge geben. Selbstverständlich stellen die verschiedenen Welpeninteressenten oft die gleichen Fragen, was dazu führt, daß man immer wieder dasselbe erzählen muß. Dazu braucht man eine Menge Geduld und viel Zeit; unter zwei Stun-

den sind die Besuche meist nicht erledigt. Alltagsarbeit bleibt in dieser Zeit natürlich liegen.

Muß man noch Welpenkäufer finden, wenn der Wurf bereits gefallen ist, wird die Lage noch brenzliger. Die Erfahrung zeigt, daß von ca. fünf interessierten Familien nur etwa eine als tatsächlicher Käufer in Frage kommt. Dabei darf man auch nicht vergessen, daß die eigene Bindung an die Welpen mehr und mehr wächst. Mir kommen selbst bei den nettesten Welpenkäufern immer Zweifel, ob es auch die richtigen Leute sind. Je älter die Welpen werden und je näher der Zeitpunkt der Abgabe rückt, desto kritischer werde ich in bezug auf die Menschen, die »meine« Welpen kaufen möchten. Die Abgabe der Welpen ist eine der schwersten Aufgaben des Züchters.

Ein vielversprechender Welpe ist der Lohn für die richtige Auswahl der Zuchtpartner, eine optimale Ernährung und Prägung und das große Engagement eines Goldenzüchters.

TIP

Eine knifflige Aufgabe ist es, den richtigen Welpen an die passenden Leute abzugeben. Nicht alle Welpen des Wurfes sind gleich, und nur der Züchter kann die Unterschiede im Charakter wirklich beurteilen. Er allein muß entscheiden, welcher Welpe am besten zu welcher Familie paßt. Das erfordert eine große Portion Objektivität den Welpen gegenüber und viel Menschenkenntnis.

▶ Nach der Abgabe

Die Geduld des Züchters wird noch auf eine härtere Probe gestellt, wenn die Welpen erst einmal abgegeben sind. In der Regel ruft jeder neue Hundebesitzer täglich oder zumindest jeden zweiten Tag an, um über alle Fortschritte des neuen Familienmitgliedes zu berichten. Diese Berichte ähneln sich natürlich, aber jeder will für sich glauben, daß der eigene Hund ganz außergewöhnlich ist.

Sicher interessiert es den verantwortungsbewußten Züchter außerordentlich, wie es dem Nachwuchs geht, wie dieser die Trennung von der Mutter und den Geschwistern verkraftet und sich eingelebt hat. Wenn man also nichts hört, ist das auch beunruhigend. Später fungiert man dann häufig als Seelentröster, wenn der Welpe viel zu lange braucht, um stubenrein zu werden oder der Besitzer über das Temperament des neuen Hausgenossen schier verzweifeln will. Wenn teure Einrichtungsgegenstände dem Gebiß des jungen Hundes zum Opfer fallen oder die Erziehung des Hundes den frischgebackenen Hundeführer an die Grenzen seiner Belastbarkeit bringt, sind nicht nur aufmunternde Worte gefragt, sondern müssen wirksame Ratschläge und ein fundiertes Wissen häufig die Situation retten. Dabei kommt man den Menschen sehr nahe, denn häufig sind Probleme, die sich ergeben, gerade in der Person des Besitzers oder den familiären Verhältnissen und dem Umgang mit dem Hund begründet.

»Jeder bekommt den Hund, den er verdient« habe ich einmal in einem Buch gelesen. Wieviel Wahrheit in diesen Worten liegt, habe ich in der Zeit, in der ich Hunde züchte, manchmal schmerzlich erfahren müssen. Hin und wieder gelingt es jedoch, dem neuen Hundebesitzer den Sinn dieser Worte klarzumachen – das ist dann ein ganz besonderer Erfolg.

Die Thematik »Hundezucht« im Rahmen dieses Kapitels hinreichend zu beleuchten, ist unmöglich. Es bedürfte eines eigenen Buches, um alle Aspekte aufzuzeigen. Man hüte sich jedoch vor dem Gedanken, einfach mal so nebenbei einen Wurf aufziehen zu können. Hundezucht erfordert den ganzen Menschen und ist nicht dazu geeignet, sich einen finanziellen Vorteil zu verschaffen oder sein Leben um ein schönes Erlebnis zu bereichern. Nur ein verantwortungsloser Mensch kann Hunde vermehren, ohne sich dabei selbst einzubringen und ohne mit den Hunden zu leiden. Sicher bringt die Aufzucht eines Wurfes auch viel Freude, wenn alles gelingt, wie man es sich wünscht. Die Tiefschläge, die man erlebt, muß man aber ebenso verkraften können, und man sollte sich besser nicht darauf verlassen, daß man schon in allen Belangen Glück haben wird.

Service

Service

▸ **AHNENTAFEL** Abstammungsnachweis, listet die Vorfahren des Hundes auf und gibt Auskunft darüber, in welchem Verein der Hund gezüchtet wurde.

▸ **APPORTEL** Gegenstand, der apportiert wird, z.B. Dummy

▸ **APPORTIEREN** Zurückbringen, dem Führer zutragen. Beim ordnungsgemäßen Apportieren bringt der Hund das Apportel unverzüglich zum Führer und gibt es diesem auf Kommando ab.

▸ **ARTHROSE** Auflagerung z.B. auf einem Gelenk, entsteht häufig durch Überbeanspruchung

▸ **BEFEDERUNG** Längere Behaarung an den Rückseiten der Vorderläufe und der Rute

▸ **BEHANG** Ausdruck in der Jägersprache für hängende Ohren

▸ **BORRELIOSE** Erkrankung, die durch Zeckenbisse übertragen werden kann. Sie äußert sich in unterschiedlichen Symptomen, häufig werden Nervenzellen befallen, was zu Schmerzen oder gar Ausfallserscheinungen führen kann.

▸ **DRC** Deutscher Retriever Club e.V.: VDH-anerkannter Rassezuchtverein für Golden Retriever und alle weiteren Retrieverrassen in Deutschland (Anschrift S. 118)

▸ **DUMMY** Ein mit Plastikgranulat gefülltes Leinensäckchen in unterschiedlichen Gewichtsklassen (Standardgewicht 500g), schwimmfähig. Wird als Apportel verwendet.

▸ **ED** Ellenbogendysplasie: Zusammenfassender Begriff für verschiedene mögliche Erkrankungen des Ellenbogengelenks, die durch genetische Veranlagung und/oder Überbelastung im Junghundealter entstehen können.

▸ **EINSPRINGEN** Selbständiges, bei Prüfungen unerwünschtes Loslaufen des Hundes ohne Kommando, z.B. beim Apportieren

▸ **EKTROPIUM** Nach innen gerolltes Augenlid. Das Auge ist nicht mehr so gut geschützt, das Lid hängt nach unten.

▸ **ENTROPIUM** Nach innen gerolltes unteres Augenlid. Das Auge tränt häufig und wird durch das auf dem Augapfel aufliegende Lid ständig gereizt.

▸ **F.C.I.** Fédération Cynologique International: Internationaler Dachverband der Rassehundezuchtvereine

▸ **FIELD TRAIL** Jagdveranstaltung, bei der die Apportierleistung des Retrievers beurteilt wird

▸ **GEBRAUCHSHUND** Oberbegriff für Hunde, die für eine bestimmte Aufgabe gezüchtet wurden, z.B. Jagdgebrauchshund, Hütehund usw.

▸ **GRUNDIMMUNISIERUNG** Erstimpfung des Hundes gegen verschiedene Infektionskrankheiten. Sie bietet noch keinen endgültigen Impfschutz, der erst nach der Wiederholungsimpfung gegeben ist.

▸ **HÄNGEN** Die Zeit, während der Penis des Rüden nach der Ejakulation von der Scheidenmuskulatur der Hündin festgehalten wird.

▸ **HC** Hereditärer Cataract: Zuchtausschließende Augenerkrankung des Hundes, die mit einer Linsentrübung einhergeht. Vergleichbar mit dem »Grauen Star« beim Menschen.

▸ **HD** Hüftgelenksdysplasie: Zusammenfassender Begriff für verschiedene mögliche Erkrankungen des Hüftgelenks, die durch genetische Veranlagung und/oder Überbelastung im Junghundealter entstehen können

▸ **KNAUTSCHEN** Unerwünschtes Behandeln (Quetschen, Kauen) des Dummies bzw. von Wild beim Apportieren

▸ **LÄUFIGKEIT** Im Volksmund »Hitze«. Begriff für die Zeit unmittelbar vor und nach dem Östrus (Eisprung), also der befruchtungsfähigen Zeit der Hündin. Wird durch blutigen Ausfluss aus der Scheide angezeigt.

▸ **MODEHUND** Oberbegriff für Hunde, die z.B. durch Fernsehwerbung sehr beliebt geworden sind. Werden häufig wegen der steigenden Nachfrage extensiv gezüchtet, wobei viele Züchter tätig werden, die diese Hunde ohne Rücksicht auf rassespezifische Belange vermehren. Gerade bei Moderassen ist es besonders wichtig, ausschließlich über einen VDH-anerkannten Züchter einen Welpen zu erwerben.

▸ **ÖKV** Österreichischer Kynologenverband: Nationaler Dachverband der Rassehundezuchtvereine in Österreich (Anschrift S. 118)

▸ **PARVOVIROSE** Viruserkrankung beim Hund, Verlauf ähnlich der Katzenseuche. Impfung notwendig!

▸ **POSITIVE KONDITIONIERUNG** Lernvorgänge, die auf positiven Erfahrungen beruhen

▸ **PRÄGUNG** In früher Jugend in bestimmten sensiblen Phasen erfolgender, relativ schneller Lernvorgang. Bei der Beziehung von Hunden zu Menschen: relative Bevorzugung des Menschen als Sozialpartner.

▸ **RASSESTANDARD** Von der F.C.I. aufgestelltes Regelwerk, welches die Merkmale einer Hunderasse beschreibt.

▸ **RISTHÖHE** Schulterhöhe des Hundes, gibt die Größe des Hundes an

▸ **SKG** Schweizerische Kynologische Gesellschaft: Nationaler Dachverband der Rassehundezuchtvereine in der Schweiz (Anschrift im Serviceteil)

▸ **STANDRUHE** Ruhiges, geduldiges Warten des Hundes, bis er ein Kommando (z.B. zum Apportieren) erhält. »Steadiness« ist ein für Retriever erwünschtes, typisches Verhalten.

▸ **TRIMMEN** Korrektur des Hundefells, z.B. mit Hilfe einer Schere

▸ **VDH** Verband für das Deutsche Hundewesen: Nationaler Dachverband der Rassehundezuchtvereine in Deutschland (Anschrift S. 118)

▸ **WEICHES MAUL** Erwünschte, typische Eigenschaft des Golden Retrievers, Beute, z.B. Dummys oder Wild, so im Fang zu tragen, daß diese nicht verletzt wird

▸ **WILL TO PLEASE** Erwünschte typische Eigenschaft des Golden Retrievers. Er möchte seinem Menschen gefallen.

Der Golden Retriever

- FCI-Standard vom 24. Juni 1987
- Übersetzung: Uwe H. Fischer, November 1987
- Ursprungsland: Großbritannien

ALLGEMEINES ERSCHEINUNGSBILD

Symmetrisch, harmonisch, lebhaft, kraftvoll, ausgeglichene Bewegung; kernig bei freundlichem Ausdruck.

CHARAKTERISTIKA

Wille zum Gehorsam, intelligent, mit natürlicher Anlage zu arbeiten.

WESEN

Freundlich, liebenswürdig und zutraulich.

KOPF UND SCHÄDEL

Ausgeglichen und wohlgeformt; breiter Oberkopf, ohne grob zu sein, gut auf dem Hals sitzend; kräftiger, breiter und tiefer Fang. Fang von annähernd gleicher Länge wie der Schädel, ausgeprägter Stop. Nase schwarz.

AUGEN

Dunkelbraun, weit voneinander eingesetzt, dunkle Lidränder.

BEHANG

Mittelgroß, ungefähr in Höhe der Augen angesetzt.

GEBISS

Kräftige Kiefer mit einem perfekten, regelmäßigen und vollständigen Scherengebiß, wobei die obere Schneidezahnreihe ohne Zwischenraum über die untere greift und die Zähne senkrecht im Kiefer stehen.

HALS

Von guter Länge, trocken und muskulös.

VORHAND

Vorderläufe gerade mit kräftigen Knochen, Schultern gut zurückliegend, langes Schulterblatt bei gleicher Oberarmlänge, dadurch gut unter den Rumpf gestellt. Ellenbogen gut anliegend.

GEBÄUDE

Ausgeglichen, kurz in der Lendenpartie, mächtiger Brustkorb. Rippen tief und gut gewölbt, gerade obere Linie.

HINTERHAND

Lende und Läufe kräftig und muskulös. Unterschenkel von guter Länge, gut gewinkelte Kniegelenke. Tiefe Sprunggelenke, die, von hinten betrachtet, gerade sind, nicht ein- oder ausdrehend. Kuhhessigkeit im höchsten Maße unerwünscht.

PFOTEN

Rund, Katzenpfoten.

RUTE

In Höhe der Rückenlinie angesetzt und getragen, bis zu den Sprunggelenken reichend. Ohne Biegung am Rutenende.

GANGART/BEWEGUNG

Kraftvoll mit gutem Schub. Gerade und parallel in Vor- und Hinterhand. Vortritt ausgreifend und frei, dabei in der Vorhand ohne ein Zeichen des Steppens.

HAARKLEID

Glatt oder wellig mit guter Befederung; dichte wasserabstoßende Unterwolle.

FARBE

Jede Schattierung von gold oder cremefarben, weder rot noch mahagoni. Einige wenige weiße Haare, allerdings nur an der Brust, sind zulässig.

GRÖSSE

Schulterhöhe:
Rüden 56–61 cm,
Hündinnen 51–56 cm.

FEHLER

Jede Abweichung von den vorgenannten Punkten sollte als Fehler angesehen werden, dessen Bewertung in genauem Verhältnis zum Grad der Abweichung stehen sollte.

ANMERKUNG

Rüden sollten zwei offensichtlich normal entwickelte Hoden aufweisen, die sich vollständig im Skrotum befinden.

▶ **Anschriften**

Deutscher Retriever Club e.V. (DRC), Margitta Becker
Dörnhagener Str. 13
34302 Guxhagen
Tel.: 05665/27 74
Fax: 05665/17 18
DRC-Geschaeftsstelle@ t-online.de
http://www.deutscher-retriever-club.de

Golden Retriever Club.e.V. (GRC)
Jürgen Rüter
Dietrichsweg 68
26127 Oldenburg
Tel.: 0441/6 74 86
Fax: 0441/6 83 51 22
Juergen.Rueter@grc.de
http://www.grc.de

Labrador Club Deutschland e.V. (LCD)
Karin Willkom
Auf der Heide 1
41462 Neuss
Tel.:02131/56 91 00
Fax: 02131/56 91 00
http://www.labrador.de

Verband für das Deutsche
Hundewesen e.V. (VDH)
Westfalendamm 174
44141 Dortmund
Tel.: 0231/56 50 00
Fax: 0231/59 24 40
info@vdh.de
http://www.vdh.de

Österreichischer Kynologenverband (ÖKV)
Johann Teufelgasse 8
A-1238 Wien
Tel.: 0043/18 88 70 92 oder
0043/18 88 70 93
Fax: 0043/188 92 621
http://www.oekv.telecom.at/
hund

Schweizerische Kynologi-
sche Gesellschaft (SKG)
Länggaßstr. 8
CH-3001 Bern
Tel.: 0041/313 01 58 19 oder
0041/313 02 23 73
Fax: 0041/313020215
skg.scs@bluewin.ch

▶ Zum Weiterlesen

ALLGEMEINES

Aldington, E.H.W.: Von der Seele des Hundes. Weiden 1998.

Aldington, E.H.W.: Was tu' ich nur mit diesem Hund? Weiden 1994.

Beck, Peter: Das Beste für meinen Hund. Profitips für Hundefreunde. Stuttgart 2000.

Busch, Patricia: Das Rasseportrait – Golden Retriever. Mürlenbach 1990.

Harries, Brigitte: Hundesprache verstehen. Stuttgart 1998.

Kejcz, Yvonne: Unser Hund wird alt. Stuttgart 1994.

Mönche von New Skete: Wer kennt schon seinen Hund? Berlin 1990.

Schlegl-Kofler, Katharina: Retriever. Stuttgart 1994.

Tammer, Isabell: Hundeernährung. Stuttgart 2000.

Tellington-Jones, Linda: Tellington-Training für Hunde. Stuttgart 1999.

Trumler, Eberhard: Hunde ernst genommen. München 1999.

Trumler, Eberhard: Mit dem Hund auf Du. München 1999.

Voss, Valerie: Das große Golden Retriever Buch. Mürlenbach 1998.

ERZIEHUNG

Baatz, Manfred und Maria: Hundeausbildung für die Jagd. München 1993.

Hoefs, Nicole und Petra Führmann: Das Kosmos-Erziehungsprogramm für Hunde. Stuttgart 1999.

Pietralla, Martin: Clickertraining für Hunde. Stuttgart 2000.

Pryor, Karen: Positiv bestärken, sanft erziehen. Stuttgart 1999.

Wolters, Richard A.: Neue

Wege der Jagdhundeausbildung. Mürlenbach 1993.

GESUNDHEIT

Becvar, Dr. Wolfgang: Naturheilkunde für Hunde. Stuttgart 1994.

Durst-Benning, Petra: Kräuterapotheke für Hunde. Stuttgart 1998.

Lausberg, Frank: Erste Hilfe für den Hund. Stuttgart 1999.

Rakow, Dr. Barbara: Der homöopathische Hundedoktor. Stuttgart 1999.

Rustige, Dr. Barbara: Hundekrankheiten. Kosmos, Stuttgart 1999.

Stein, Petra: Bach-Blüten für Hunde. Stuttgart 1997.

ZUCHT

Räber, Hans: Brevier neuzeitlicher Hundezucht. Stuttgart 1984.

Fotos von Peter Beck (1, S. 2/3m), Margitta Becker/DRC-Fotoarchiv (15, S. 55o, 55u, 57li, 57m, 57re, 58, 64, 95, 97o, 104, 106, 109, 111, 124), Claudia Borchert (1, S. 31), Heike Erdmann (5, S. 4/5, 6, 18, 72, 75), Heike Erdmann/Kosmos (alle übrigen Aufnahmen), Gerlach (1, S. 41), Evelyn Patzke (1, S. 98re), Stephan und Heike Reimann (1, S. 34), Ralf Roppelt/Sahara Werbeagentur (Kapitelkennfotos ohne Hund), Veronika Thiele-Schneider (1, S. 124), Jutta Vietzen (S. 20/21) und Karl-Heinz Widmann (19, S. 2/3u, 15, 16, 17, 32, 47, 53, 63u, 66, 82, 83, 85, 88, 89, 90, 91, 92, 97u, 98l)

Zeichnungen von Rainer Benz (S. 70), Milada Krautmann (S. 66, 116) und Schwanke & Raasch (S. 68).

Umschlaggestaltung von Atelier Reichert, Stuttgart, unter Verwendung von drei Fotos von Heike Erdmann (Umschlagrückseite) und Heike Erdmann/Kosmos.

Mit 100 Farbfotos, 1 Farbzeichnung und 3 sw-Zeichnungen.

Alle Angaben in diesem Buch sind sorgfältig geprüft und geben den neuesten Wissensstand bei der Veröffentlichung wieder. Da sich das Wissen aber laufend weiterentwickelt und vergrößert, muß jeder Anwender selbst prüfen, ob die Angaben nicht durch neuere Erkenntnisse überholt sind. Dazu muß er z.B. bei Behandlungsvorschlägen den Tierarzt konsultieren, Beipackzettel zu Medikamenten lesen, Gebrauchsanweisungen und Gesetze befolgen.
Hinsichtlich der Zuchtzulassungskriterien, Ausstellungsrichtlinien, Rassestandards, Prüfungsordnungen usw. sind stets die aktuellen Bestimmungen der Verbände, insbesondere von VDH und FCI maßgeblich.

Die Deutsche Bibliothek – CIP-Einheitsaufnahme

Der Titelsatz für diese Publikation ist bei
Der Deutschen Bibliothek erhältlich.

© 2000, Franckh-Kosmos Verlags-GmbH & Co., Stuttgart
Alle Rechte vorbehalten
ISBN 3-440-07807-8
Lektorat: Angela Beck
Bildredaktion: Claudia Sträb
Grundlayout: Friedhelm Steinen-Broo, eStudio Calamar
Layout und Satz: TypoDesign, Radebeul
Printed in Czech Republic / Imprimé en République tchèque
Druck und Binden: Těšínská Tiskárna, a. s., Český Těšín